教科書ワーク　もくじ

全教科書対応
数と計算2年

JN093987

① ひょうと グラフ
きほんのワーク

答え 1ページ

やってみよう

☆ どうぶつの 数を しらべて, グラフに あらわしましょう。

どうぶつしらべ

グラフと いうよ。

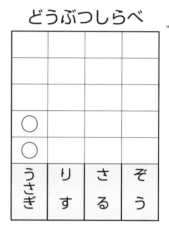

○			
○			
うさぎ	りす	さる	ぞう

たいせつ

しらべた 数を ひょうや 左の ような グラフに あらわすと, 多い 少ないが わかりやすく なります。

1 くだものの 数を しらべます。

❶ くだものの 数を 下の ひょうに あらわしましょう。

ひょうと いうよ。

くだものの 数

名前	バナナ	いちご	みかん	りんご	パイナップル
数					

❷ くだものの 数を グラフに あらわしましょう。

くだものの 数

バナナ	いちご	みかん	りんご	パイナップル

2 右の グラフを 見て 答えましょう。

❶ いちばん 多いのは 何ですか。

(　　　　　　　)

❷ ハンカチは マスクより いくつ 多いですか。

(　　　　　　　)

おとしものしらべ

		○		
○		○		
○		○		
○		○	○	
○	○	○	○	○
ハンカチ	けしゴム	えんぴつ	マスク	ノート

おうちのかたへ　表とグラフについて学習します。表は数量が見やすい, グラフは一目見て大小関係がわかりやすい, という利点があります。それぞれのよさを理解しましょう。

まとめのテスト

答え 1 ページ

時間 20分

とく点 /100点

1 おかしの 数を しらべて，ひょうや グラフに あらわしましょう。

1つ25〔50点〕

おかしの 数

名前	ケーキ	せんべい	ガム	ドーナツ	あめ
数					

おかしの 数

ケーキ	せんべい	ガム	ドーナツ	あめ

2 よく出る 右の グラフを 見て 答えましょう。

1つ10〔50点〕

❶ すきな 人が いちばん 多いのは どの きゅうしょくですか。（　　　　　）

❷ すきな 人が いちばん 少ないのは どの きゅうしょくですか。（　　　　　）

❸ ハンバーグが すきな 人は 何人 いますか。（　　　　　）

❹ あげパンが すきな 人は，シチューが すきな 人より 何人 多いですか。（　　　　　）

❺ やきそばが すきな 人は，カレーライスが すきな 人より 何人 少ないですか。（　　　　　）

すきな きゅうしょくしらべ

カレーライス	あげパン	やきそば	ハンバーグ	シチュー
	○			
○	○			
○	○			
○	○			
○	○			○
○	○		○	○
○	○	○	○	○
○	○	○	○	○
○	○	○	○	○

□ あらわしたい ことを，グラフや ひょうに できるかな。
□ グラフや ひょうから わかった ことを いえるかな。

3

① 時こくと 時間
きほんのワーク

答え 2ページ

☆ 時計を 見て □に あてはまる 数を 書きましょう。

おきた　　　　　家を 出た　　　　　学校に ついた

❶ おきた 時こくは, □時 □分です。

❷ 家を 出てから 学校に つくまでの 時間は □分です。

◇ たいせつ
時こくと 時こくの 間を 時間と いいます。
時こくと 時間の ちがいを おさえよう。

時こくと 時間は
ちがうんだね。

❶ つぎの 時間を もとめましょう。
　❶ 7時から 7時20分まで　　　　❷ 2時15分から 2時30分まで

（　　　　　　　　）　　　　　　（　　　　　　　　）

❷ 家を 出てから えきに つくまでの 時間を もとめましょう。

家を 出た　　　　　えきに ついた

何分 かかったかな。

（　　　　　　　　）

おうちのかたへ　子供にとって，時刻と時間の意味の違いを理解するのは意外と難しいものです。
1年生で学習した何時何分は，すべて時刻にあたります。

② 時間と 分 (1)
きほんのワーク

答え 2ページ

☆ つぎの 時間は どれだけですか。
□に あてはまる 数を 書きましょう。

 から  までの 時間

長い はりが 1まわりして いるよ。

□ 時間, または, □ 分

◆たいせつ
時計の 長い はりは, 1分で 1めもり すすみ, 1時間で 1まわりします。
1時間＝60分です。

1 2時から 3時まで 外で あそびました。外で あそんだ 時間は 何時間ですか。また, 何分ですか。

(　　　　　)

(　　　　　)

1時間は 何分に なるかな。

2 右の 時計を 見て 答えましょう。

❶ 本を 読みはじめた 時こくは 何時ですか。

(　　　　　)

読みはじめた

❷ 本を 読みおえた 時こくは 何時ですか。

(　　　　　)

❸ 本を 読みはじめてから 読みおえるまでの 時間は 何時間ですか。

(　　　　　)

読みおえた

おうちのかたへ　長針が 1目もり進む時間が 1分,長針が 1回りする時間が 1時間であることを押さえます。
1時間＝60分の関係をしっかり理解しましょう。

③ 時間と 分 (2), 時こく
きほんのワーク

答え 2ページ

★ 右の 時計を 見て 答えましょう。

❶ 30分前の 時こくは，

□ 時です。

❷ 1時間後の 時こくは，□ 時 □ 分です。

1 右の 時計を 見て 答えましょう。

❶ 1時間前の 時こく

(　　　　　　　)

❷ 1時間後の 時こく

(　　　　　　　)

❸ 30分後の 時こく

(　　　　　　　)

❹ 15分前の 時こく

(　　　　　　　)

時計を 見ながら
考えよう。

❺ 45分後の 時こく

(　　　　　　　)

2 □に あてはまる 数を 書きましょう。

1時間＝60分
だね。

❶ 70分＝ □ 時間 □ 分

❷ 1時間30分＝ □ 分

おうちのかたへ　時計を見ながら，1時間後には短針が1～12の数字1つ分だけ進むこと，1時間前には1つ分だけ戻っていることを確認するとよいでしょう。

④ 午前と 午後 (1)
きほんのワーク

答え 2ページ

答え 2ページ

☆ □に あてはまる 数を 書きましょう。

午前　　正午　　午後

❶ 午前は □ 時間, 午後は □ 時間 あります。

❷ 1日= □ 時間です。

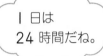

1日は 24 時間だね。

たいせつ
昼の 12時より 前を **午前**, 昼の 12時より 後を **午後**と いい, 昼の 12時を **正午**と いいます。

1 時こくは 何時何分ですか。午前か 午後を つけて 書きましょう。

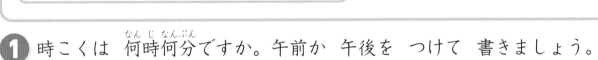

❶ おきる　　　　　❷ あそびはじめる　　　　　❸ ねる

(　　　　　　　) (　　　　　　　) (　　　　　　　)

2 公園に ついてから 公園を 出るまでの 時間は どれだけですか。

公園に ついた　　　公園を 出た

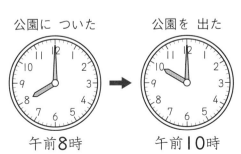

午前8時　　　　　午前10時

午前や 午後が あっても 考え方は 同じだね。

(　　　　　　　　　)

おうちのかたへ 午前, 午後, 正午の用語を押さえます。午前は夜の0時から正午まで, 午後は正午から夜の0時までです。1日が24時間であることを確認しましょう。

⑤ 午前と 午後(2)
きほんのワーク

答え 2ページ

☆ 右の 時計を 見て 答えましょう。

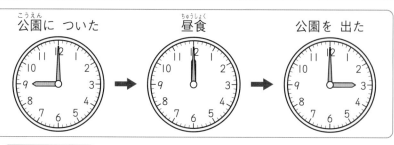

公園に ついた　　　　　昼食　　　　　公園を 出た

公園に ついたのは ［　　］ 9時で, 昼食までの 時間は
↑午前か 午後

［　　］時間です。昼食から 公園を 出るまでの 時間は

［　　］時間だから, 公園に ついてから, 公園を 出るまでの

時間は ［　　］時間です。

1 下の 時計を 見て 答えましょう。

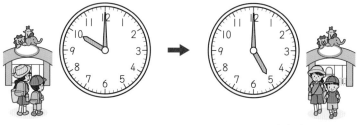

どうぶつ園に ついた　　　どうぶつ園を 出た

どうぶつ園に ついたのは 正午より 前だね。

❶ どうぶつ園を 出た 時こくは 何時ですか。午前か 午後を つけて 書きましょう。

（　　　　　　　　）

❷ どうぶつ園に ついてから 正午までの 時間は どれだけですか。

（　　　　　　　　）

❸ どうぶつ園に ついてから どうぶつ園を 出るまでの 時間は どれだけですか。

（　　　　　　　　）

おうちのかたへ　「午前 6 時に起きて, 午後 9 時に寝るから, 起きている時間は 15 時間です。」のように, 自分自身の生活について話をしてみるとよいでしょう。

まとめのテスト

答え 2ページ

時間 **20** 分

とく点　/100点

1 何時何分ですか。　　　　　　　　　　　　　　　　1つ7〔28点〕

① 　　② 　　③ 　　④

(　　　　　) (　　　　　) (　　　　　) (　　　　　)

2 □に あてはまる 数を 書きましょう。　　　　1つ8〔32点〕

① 1日＝□時間　　② 1時間＝□分

③ 80分＝□時間□分　　④ 1時間40分＝□分

3 つぎの 時こくや 時間を もとめましょう。　　1つ8〔24点〕

① 8時10分から 30分後の 時こく (　　　　　)

② 8時10分から 1時間後の 時こく (　　　　　)

③ 8時10分から 8時30分までの
時間 (　　　　　)

4 朝 おきた 時こくは, 何時何分ですか。
また, 夜 本を 読みはじめた 時こくは
何時何分ですか。午前か 午後を つけて
書きましょう。　　　　　　　　　1つ8〔16点〕

おきた

朝 おきた (　　　　　)

読みはじめた

夜 本を 読みはじめた (　　　　　)

 □時間と 分の かんけいが わかったかな。
□時こくを, 午前と 午後を つかって いえるかな。

① くり上がりの ない たし算の ひっ算
きほんのワーク

答え 2ページ

☆ 32+15の ひっ算の しかたを 考えます。
　□に あてはまる 数を 書きましょう。

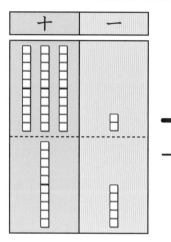

十のくらい 一のくらい

$$\begin{array}{r} 3\ 2 \\ +\ 1\ 5 \\ \hline \end{array}$$

考え方

くらいを たてに
そろえて 書く。

$$\begin{array}{r} 3\ 2 \\ +\ 1\ 5 \\ \hline \end{array}$$

くらいごとに
計算を する。
一のくらいの 計算
2+5=7
十のくらいの 計算
3+1=4

$$\begin{array}{r} 3\ 2 \\ +\ 1\ 5 \\ \hline 4\ 7 \end{array}$$

---

1 たし算を しましょう。

①
$$\begin{array}{r} 5\ 2 \\ +\ 2\ 4 \\ \hline \end{array}$$

②
$$\begin{array}{r} 3\ 7 \\ +\ 4\ 1 \\ \hline \end{array}$$

③
$$\begin{array}{r} 4\ 0 \\ +\ 2\ 0 \\ \hline \end{array}$$

④
$$\begin{array}{r} 2\ 1 \\ +\ \ \ 5 \\ \hline \end{array}$$

2 ひっ算で しましょう。

① 32+16　② 54+25　③ 40+27　④ 6+62

⑤ 6+32　⑥ 30+4　⑦ 50+34　⑧ 3+31

おうちのかたへ くり上がりのない 2けたのたし算の筆算を学習します。
一の位の計算→十の位の計算の順に行いましょう。位を縦にそろえて計算します。

3 ひっ算で しましょう。

① 27＋31

② 13＋55

③ 46＋23

④ 10＋76

⑤ 32＋45

⑥ 21＋16

⑦ 22＋43

⑧ 65＋34

⑨ 15＋74

⑩ 92＋4

⑪ 14＋41

⑫ 8＋90

⑬ 60＋20

⑭ 57＋12

⑮ 36＋42

⑯ 82＋2

⑰ 42＋56

⑱ 13＋43

⑲ 25＋63

⑳ 31＋48

㉑ 7＋82

㉒ 30＋29

㉓ 53＋33

㉔ 72＋26

② くり上がりの ある たし算の ひっ算
きほんのワーク

答え 3ページ

⭐ 47+18の ひっ算の しかたを 考えます。
□に あてはまる 数を 書きましょう。

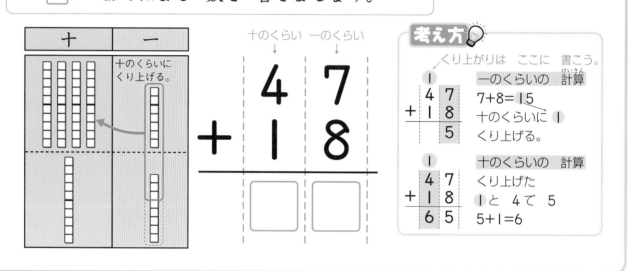

1 たし算を しましょう。

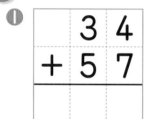
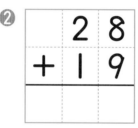
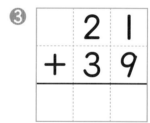
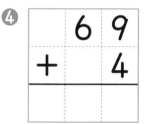

2 ひっ算で しましょう。

 18+45　　❷ 36+24　　❸ 7+68　　❹ 5+75

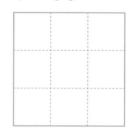
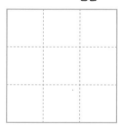

❺ 46+35　　❻ 58+29　　❼ 14+26　　❽ 47+3

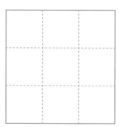
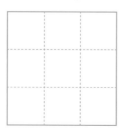
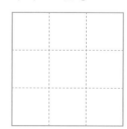
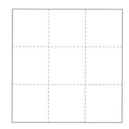

おうちのかたへ　くり上がりのある 2けたのたし算の筆算を学習します。計算ミスを減らす意味からも，特に初めのうちは，くり上がりの補助数字 1 を書いておくようにしましょう。

③ ひっ算で しましょう。

① 37＋27

② 73＋8

③ 16＋36

④ 69＋25

⑤ 19＋33

⑥ 31＋29

⑦ 55＋18

⑧ 8＋79

⑨ 36＋49

⑩ 52＋18

⑪ 29＋47

⑫ 19＋72

⑬ 6＋69

⑭ 25＋36

⑮ 51＋19

⑯ 48＋48

⑰ 23＋37

⑱ 46＋29

⑲ 78＋2

⑳ 49＋19

㉑ 26＋58

㉒ 37＋15

㉓ 18＋27

㉔ 2＋38

③ くり下がりの ない ひき算の ひっ算
きほんのワーク

答え 3ページ

☆ 38−13の ひっ算の しかたを 考えます。
□に あてはまる 数を 書きましょう。

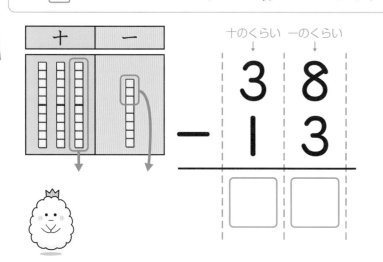

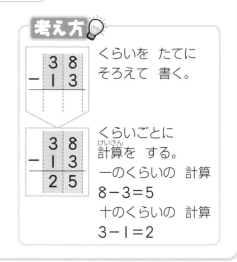

考え方

くらいを たてに そろえて 書く。

くらいごとに 計算を する。
一のくらいの 計算
8−3=5
十のくらいの 計算
3−1=2

1 ひき算を しましょう。

①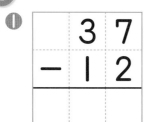
37
−12

②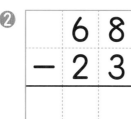
68
−23

③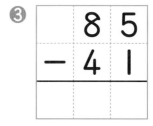
85
−41

④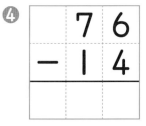
76
−14

2 ひっ算で しましょう。

① 98−75

② 68−24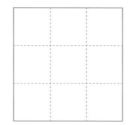

③ 53−30

④ 94−54

⑤ 60−20

⑥ 86−82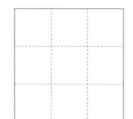

⑦ 95−3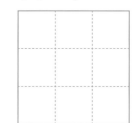

⑧ 56−6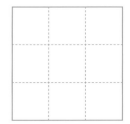

おうちのかたへ　くり下がりのない 2 けたのひき算の筆算を学習します。筆算は縦にきちんとそろえること
を徹底しましょう。一の位→十の位の順に計算するのはたし算と同じです。

③ ひっ算で しましょう。

① 47−21　② 36−24　③ 96−55　④ 39−14

⑤ 83−42　⑥ 70−50　⑦ 64−4　⑧ 88−7

⑨ 38−26　⑩ 59−13　⑪ 92−40　⑫ 75−63

⑬ 63−53　⑭ 29−5　⑮ 85−13　⑯ 97−32

⑰ 56−20　⑱ 64−61　⑲ 78−43　⑳ 66−3

㉑ 54−32　㉒ 58−8　㉓ 89−76　㉔ 77−23

④ くり下がりの ある ひき算の ひっ算

きほんのワーク

答え 4ページ

☆ 53－17 の ひっ算の しかたを 考えます。
□に あてはまる 数を 書きましょう。

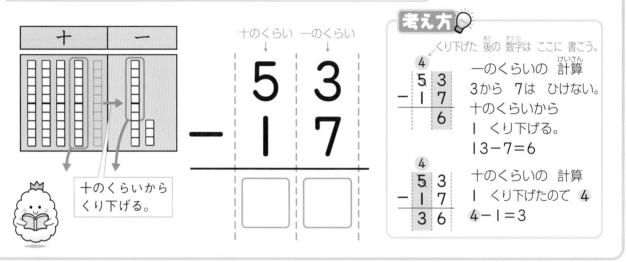

考え方

くり下げた 後の 数字は ここに 書こう。

一のくらいの 計算
3から 7は ひけない。
十のくらいから
1 くり下げる。
13－7＝6

十のくらいの 計算
1 くり下げたので 4
4－1＝3

---

1 ひき算を しましょう。

①
```
  4 5
－ 1 9
```

②
```
  6 3
－ 2 8
```

③
```
  7 2
－ 3 5
```

④
```
  9 4
－ 5 6
```

2 ひっ算で しましょう。

① 63－27　　② 70－55　　③ 44－6　　④ 80－9

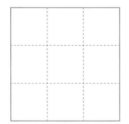　　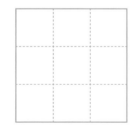　

⑤ 80－32　　⑥ 47－38　　⑦ 66－9　　⑧ 50－3

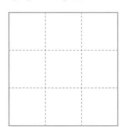　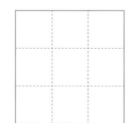　　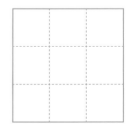

おうちのかたへ くり下がりのある 2けたのひき算の筆算を学習します。くり下がりの部分でのミスが多いので，特に初めのうちは，くり下げた後の数字を書いておくようにしましょう。

❸ ひっ算で しましょう。

① 42−18　　② 64−37　　③ 91−83　　④ 35−9

⑤ 31−2　　⑥ 20−8　　⑦ 73−56　　⑧ 60−24

⑨ 72−24　　⑩ 81−35　　⑪ 52−7　　⑫ 62−36

⑬ 40−16　　⑭ 93−78　　⑮ 46−39　　⑯ 74−47

⑰ 85−36　　⑱ 46−18　　⑲ 50−47　　⑳ 67−8

㉑ 33−4　　㉒ 24−19　　㉓ 61−56　　㉔ 94−55

まとめのテスト❶

答え 4ページ

時間 20分

とく点 /100点

1 たし算や ひき算を しましょう。 1つ6〔48点〕

①
```
  3 6
+ 2 3
```

②
```
    5
+ 3 5
```

③
```
  7 9
+ 1 6
```

④
```
  2 3
+ 5 7
```

⑤
```
  3 6
-   5
```

⑥
```
  8 9
-   9
```

⑦
```
  8 0
- 6 7
```

⑧
```
  5 7
- 4 9
```

2 よく出る ひっ算で しましょう。 1つ6〔24点〕

① 28＋27
② 87＋9
③ 37－19
④ 70－7

3 ひっ算で しましょう。また, 答えの たしかめも しましょう。 1つ7〔28点〕

① 49＋26

ひっ算
```
  4 9
+ 2 6
```

たしかめ
```
  2 6
+
```

② 7＋63

ひっ算　　たしかめ

③ 68－48

ひっ算
```
  6 8
- 4 8
```

たしかめ
```
+ 4 8
```

④ 33－27

ひっ算　　たしかめ

チェック ✓
□ くり上がる たし算の ひっ算が できるかな。
□ くり下がる ひき算の ひっ算が できるかな。

まとめのテスト❷

答え 4ページ

時間 20分

とく点 /100点

1 計算が 正しい ものに ○を, まちがって いる ものには 正しい
答えを 書きましょう。　　　　　　　　　　　　　　1つ6〔24点〕

❶
```
  4 5
+ 3 4
─────
  8 9
```

❷
```
  5 3
+   9
─────
  5 2
```

❸
```
  5 8
- 2 3
─────
  3 5
```

❹
```
  4 5
- 2 5
─────
    2
```

（　　　　）（　　　　）（　　　　）（　　　　）

2 よく出る　ひっ算で しましょう。　　　　　　　1つ6〔48点〕
❶ 4+41　　　❷ 42+28　　　❸ 57+29　　　❹ 23+7

❺ 56-35　　　❻ 80-10　　　❼ 92-9　　　❽ 57-8

3 答えが 同じに なるように, □に あう 数を 書きましょう。　1つ7〔14点〕

❶ 27+16=43
⇩
□ +27=43

❷ 71+9=80
⇩
9+□=80

たされる数と たす数を
入れかえても 答えは
同じだね。

└─たされる数と たす数を 入れかえて います。

4 □に あう 数を 書きましょう。　　　　　　　1つ7〔14点〕

❶ 91-31=60
⇩〔たしかめ〕
□ +31=91

❷ 63-27=36
⇩〔たしかめ〕
□ +27=63

ひき算の 答えの
たしかめは たし算で
できるね。

└─ひき算の 答えに ひく数を たして います。

チェック ✔
□くらいを そろえて, まちがえずに ひっ算が できるかな。
□たし算や ひき算の ひっ算の しかたを せつ明できるかな。

19

① 長さの たんい
きほんのワーク

答え 4ページ

☆ 下の テープの 長さは, どれだけですか。

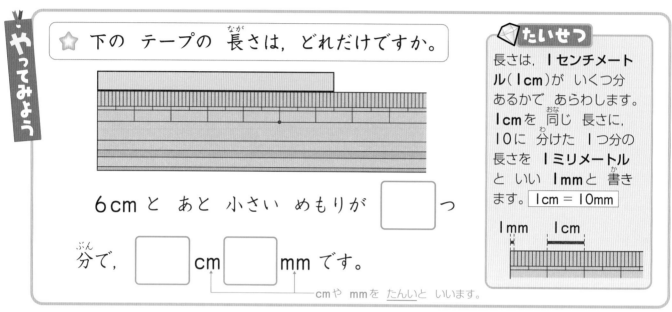

6cm と あと 小さい めもりが □ つ

分で, □ cm □ mm です。

└─ cmや mmを たんいと いいます。

たいせつ

長さは, 1センチメートル(1cm)が いくつ分 あるかで あらわします。 1cmを 同じ 長さに, 10に 分けた 1つ分の 長さを 1ミリメートル と いい 1mmと 書きます。 1cm = 10mm

1mm 1cm

1 えんぴつの 長さは, 何cm何mm ですか。

ものさしで はかって いるんだね。

❶

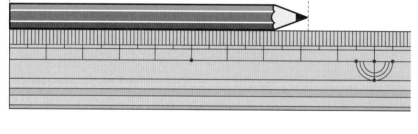

( )

❷

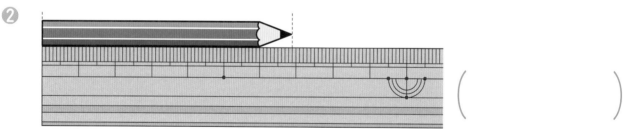

( )

2 長さは どれだけですか。

❶
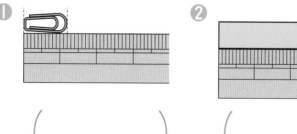

( )

❷ ❸
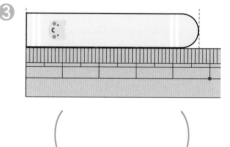

( ) ( )

おうちのかたへ cm, mm の単位と, 1cm = 10mm の関係を学びます。30cm の物差しを使うときには, 物差しとはかる物の端をそろえることを基本としましょう。

❸ □に あてはまる 数を 書きましょう。

① 1cm = □ mm

② 3cm = □ mm

③ 20mm = □ cm

④ 90mm = □ cm

⑤ 4cm5mm = □ mm

⑥ 64mm = □ cm □ mm

❹ つぎの 長さの 直線を ひきましょう。

ちょくせん ── まっすぐな 線を 直線と いいます。

① 9cm

② 7cm3mm

③ 48mm

❺ 直線の 長さは 何cm何mmですか。また, 何mmですか。

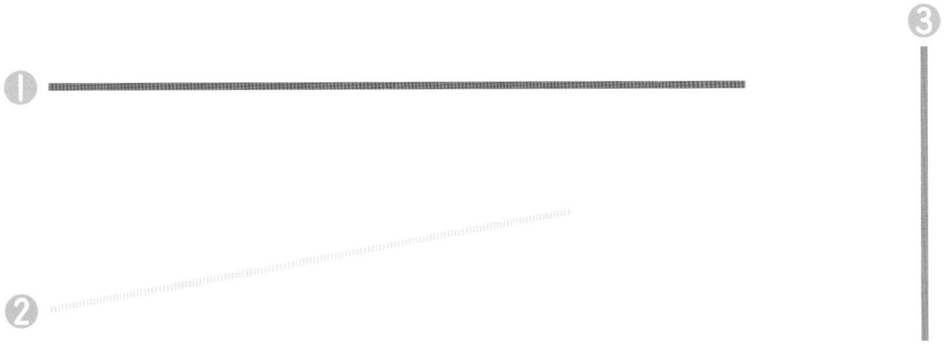

何cm何mmと 何mmの
2つで あらわす ことが
できるね。

① □ cm □ mm, □ mm

② □ cm □ mm, □ mm

③ □ cm □ mm, □ mm

4 長さ

② 長さの 計算
きほんのワーク

答え 5ページ

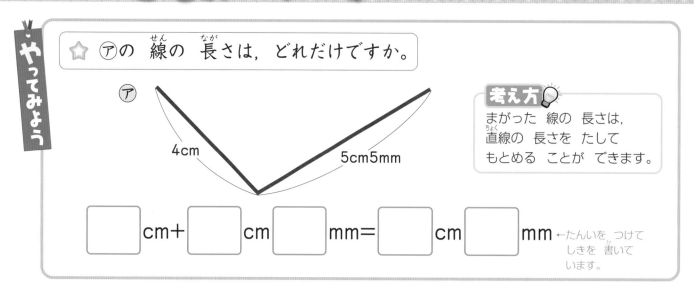

☆ ㋐の 線の 長さは, どれだけですか。

4cm　5cm5mm

考え方
まがった 線の 長さは, 直線の 長さを たして もとめる ことが できます。

☐ cm+ ☐ cm ☐ mm= ☐ cm ☐ mm ←たんいを つけて しきを 書いています。

1 ㋐の 線と ㋑の 線の 長さを くらべます。

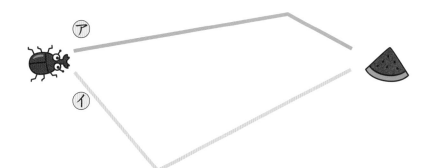

すいかまで どちらが 近いかな。

❶ ㋐の 線の 長さは, どれだけですか。

☐ cm+ ☐ cm= ☐ cm

cmどうし, mmどうしを 計算するよ。

❷ ㋑の 線の 長さは, どれだけですか。

☐ cm ☐ mm+ ☐ cm= ☐ cm ☐ mm

❸ ㋐の 線と ㋑の 線を あわせると 何cm何mmに なりますか。

☐ cm+ ☐ cm ☐ mm= ☐ cm ☐ mm

❹ ㋐の 線と ㋑の 線の 長さの ちがいは どれだけですか。

☐ cm ☐ mm− ☐ cm= ☐ cm ☐ mm

おうちのかたへ 線が折れ曲がっているときは，2つの直線の長さをたすことで，その長さを求めることができます。cm，mmなど，同じ単位の数どうして計算しましょう。

2 ⑦と ④の 直線の 長さに ついて 答えましょう。

長いのは
どちらかな？

⑦ ——————————————

④ ——————————

❶ ⑦と ④の 直線を あわせると 何cm何mmに なりますか。

☐ cm ☐ mm＋ ☐ cm ☐ mm＝ ☐ cm ☐ mm

❷ ⑦と ④の 直線の 長さの ちがいは 何cm何mmに なりますか。

☐ cm ☐ mm－ ☐ cm ☐ mm＝ ☐ cm ☐ mm

3 計算を しましょう。

同じ たんいの
数どうしを
計算しよう。

❶ 18cm＋16cm＝ ☐ cm

❷ 13cm2mm＋4cm＝ ☐ cm ☐ mm

❸ 15cm7mm－6cm＝ ☐ cm ☐ mm

❹ 5cm＋3cm2mm＝ ☐ cm ☐ mm

❺ 9mm－2mm＝ ☐ mm

cmや mmの
書きまちがいにも
気を つけよう。

❻ 8cm2mm＋4mm＝ ☐ cm ☐ mm

❼ 5cm3mm＋17cm6mm＝ ☐ cm ☐ mm

❽ 7cm8mm－4cm4mm＝ ☐ cm ☐ mm

❾ 13cm7mm－6cm7mm＝ ☐ cm

まとめのテスト❶

時間 20分

とく点
/100点

答え 5ページ

1 よく出る 長さは 何cm何mmですか。

1つ10〔20点〕

❶
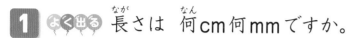

( )

❷

( )

2 よく出る 直線の 長さを はかりましょう。

1つ8〔24点〕

❶

( )

❷

( )

❸

( )

3 つぎの 長さの 直線を ひきましょう。

1つ10〔20点〕

❶ 6cm9mm

❷ 11cm5mm

4 □に あてはまる 数を 書きましょう。

1つ9〔36点〕

❶ 10mm=□cm

❷ 7cm=□mm

❸ 40mm=□cm

❹ 2cm5mm=□mm

□cmと mmの かんけいが わかったかな。
□cmや mmで, 長さを あらわす ことが できるかな。

時間 **20**分

とく点 /100点

答え 5ページ

1 よく出る □に あてはまる 長さの たんいを 書きましょう。 1つ10〔20点〕

① ノートの あつさ 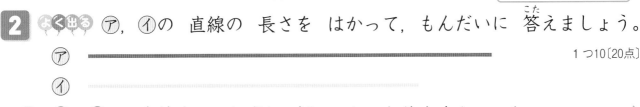に あつさ 4 □

② えんぴつの 長さ  長さ 16 □

2 よく出る ㋐, ㋑の 直線の 長さを はかって, もんだいに 答えましょう。

㋐

㋑

1つ10〔20点〕

① ㋐, ㋑の 直線を つなぐと 何cmに なりますか。 ( )

② ㋐, ㋑の 直線の 長さの ちがいは 何cm ですか。 ( )

3 計算を しましょう。 1つ9〔36点〕

① 12cm6mm+3mm

② 15cm7mm−2mm

チャレンジ! ③ 8cm4mm+9mm

チャレンジ! ④ 7cm3mm−6mm

4 ㋐の 線と ㋑の 線が あります。 1つ8〔24点〕

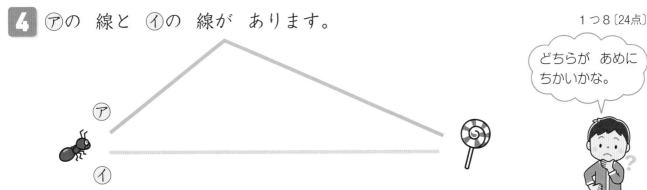

どちらが あめに ちかいかな。

① ㋐の 線と ㋑の 線の 長さは, それぞれ どれだけですか。

㋐の 線 ( ) ㋑の 線 ( )

② どちらの 線が, 何cm何mm 長いですか。

( )

 □ ものさしを つかって, 長さを はかる ことが できるかな。
□ 長さの 計算が できるかな。

① 数の あらわし方
きほんのワーク

答え 5ページ

☆ 色紙の 数を，数字で 書きましょう。

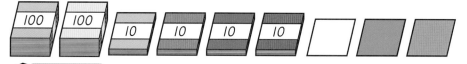

◇ **たいせつ**

百を 2こ あつめた 数を，**二百**と いいます。
二百と 四十三を あわせた 数を，**二百四十三**と いいます。
243の **百のくらいは 2**です。

☐ まい

❶ ぼうや 色紙の 数を，数字で 書きましょう。

①

(   )本

②
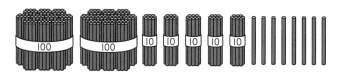

(   )まい

❷ 数字で 書きましょう。

① 百四十七   ② 九百三十   ③ 七百

(   )   (   )   (   )

❸ ☐に あてはまる 数を 書きましょう。

① 100を 7こ，10を 5こ，1を 9こ あわせた 数は，☐です。

② 538は，100を ☐こ，10を ☐こ，1を ☐こ あわせた 数です。

③ 百のくらいが 9，十のくらいが 4，一のくらいが 3 の 数は，☐です。

おうちのかたへ　3けたの数の表し方を学習します。100のまとまりで考えます。
❶❷の304など，空位のある数にミスが多いので，注意しましょう。

② 10を あつめた 数
きほんのワーク

答え 5ページ

☆ □に あてはまる 数を 書きましょう。

考え方
10が 10こで 100に なるから, 10が 13こ $\begin{cases} 100 \\ 30 \end{cases}$ で 130に なります。

❶ 10を 13こ あつめた 数は, □ です。

|10|10|10|10|10|10|10|10|10|10| |10| |10| |10|
———100———

たいせつ
100を 10こ あつめた 数を 千と いい, 1000と 書きます。

❷ 240は, 10を □ こ あつめた 数です。

1 つぎの 数を 書きましょう。

❶ 10を 17こ あつめた 数
（　　　　　）

❷ 10を 45こ あつめた 数
（　　　　　）

❸ 10を 80こ あつめた 数
（　　　　　）

❹ 10を 100こ あつめた 数
（　　　　　）

❺ 100を 6こ あつめた 数
（　　　　　）

❻ 100を 10こ あつめた 数
（　　　　　）

2 つぎの 数は, 10を 何こ あつめた 数ですか。

❶ 370　（　　　　　）

❷ 720　（　　　　　）

❸ 680　（　　　　　）

❹ 500　（　　　　　）

❺ 900　（　　　　　）

❻ 1000　（　　　　　）

「240は 10を 24こ 集めた数」のように, 10を 何こ 集めた数かを 考えます。
1000は 100を 10こ 集めた数ですが, 10を 100こ 集めた数とも 考えられます。

27

③ 数の線
きほんのワーク

答え 6ページ

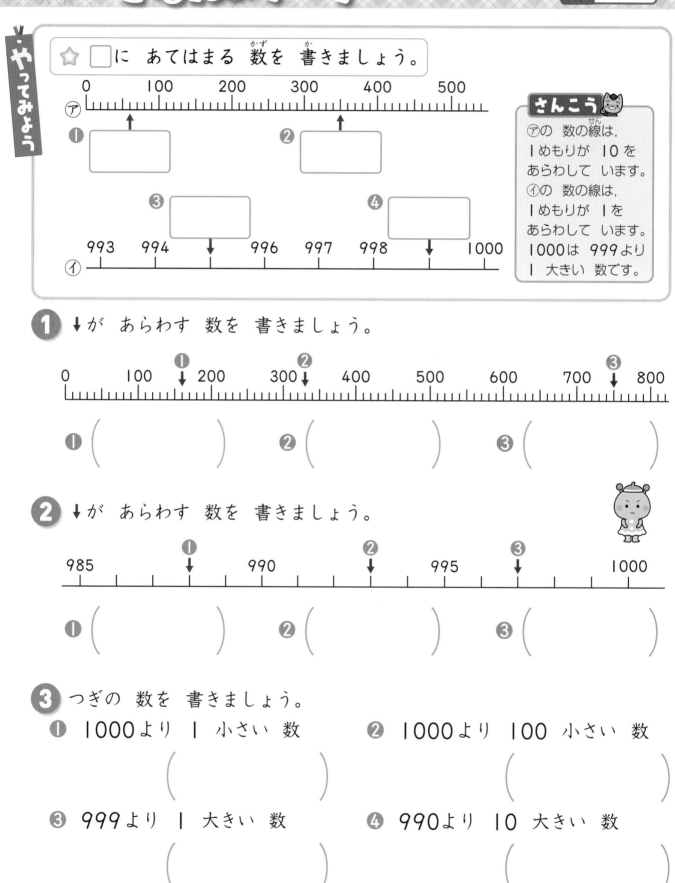

やってみよう

☆ □に あてはまる 数を 書きましょう。

⑦ 0 100 200 300 400 500

① ②

③ ④

993 994 996 997 998 1000

①

さんこう

⑦の 数の線は、1めもりが 10を あらわして います。
①の 数の線は、1めもりが 1を あらわして います。
1000は 999より 1 大きい 数です。

1 ↓が あらわす 数を 書きましょう。

0 100 ① 200 300 ② 400 500 600 700 ③ 800

① ( ) ② ( ) ③ ( )

2 ↓が あらわす 数を 書きましょう。

985 ① 990 ② 995 ③ 1000

① ( ) ② ( ) ③ ( )

3 つぎの 数を 書きましょう。

① 1000より 1 小さい 数

( )

② 1000より 100 小さい 数

( )

③ 999より 1 大きい 数

( )

④ 990より 10 大きい 数

( )

おうちのかたへ 数の線（数直線）の見方，1000 までの数の並び方を学習します。
数の線によって，1目もりの数が違うので，初めに確認しましょう。

④ 数の 大小
きほんのワーク

答え 6ページ

☆ □に あてはまる ＞, ＜を 書きましょう。

❶ 489 □ 487

❷ 269 □ 271

たいせつ

数の 大小は ＞, ＜の しるしを つかって
あらわします。
❶ 489 ＞ 487 「489は 487より 大きい。」
❷ 269 ＜ 271 「269は 271より 小さい。」

1 □に あてはまる ＞, ＜を 書きましょう。

❶ 378 □ 375

❷ 416 □ 420

❸ 99 □ 102

❹ 204 □ 201

❺ 536 □ 529

❻ 715 □ 698

数の 大小は
百のくらい
↓
十のくらい
↓
一のくらい
の じゅんに
くらべます。

2 うんどう会の とく点を くらべます。
❶ 赤組と 青組の どちらの とく点が
高いですか。

（　　　　　　　　）

	百	十	一
赤組	3	1	2
青組	2	8	9
黄組	3	2	1

❷ 赤組と 黄組の どちらの とく点が 高いですか。

（　　　　　　　　）

❸ とく点の 高い じゅんに 書きましょう。

（　　　　　　　　）

⑤ 何十の たし算
きほんのワーク

答え 6ページ

やってみよう

☆ 色紙は，ぜんぶで 何まい ありますか。

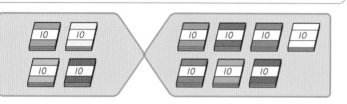

考え方
何十 たす 何十の 計算は，10 が いくつ分に なるかを 考えます。
40＋70の 計算は，10 が 4＋7＝11（こ）で 110に なります。
40＋70＝110

しき 40＋70＝ □   **答え** □ まい

1 計算を しましょう。

① 30＋90

② 60＋80

③ 60＋50

④ 50＋70

⑤ 70＋80

⑥ 90＋90

⑦ 20＋90

⑧ 80＋60

⑨ 90＋40

⑩ 50＋60

⑪ 80＋80

⑫ 90＋50

⑬ 30＋80

⑭ 60＋60

⑮ 70＋90

⑯ 50＋80

⑰ 70＋70

⑱ 60＋90

30＋90は？
3＋9だったら
わかるよね。

おうちのかたへ
（何十）＋（何十）＝（百何十）の 計算を学習します。
10の束で考えれば，30＋90の計算も，3＋9の計算を利用すればよいことがわかります。

⑥ 何十の ひき算
きほんのワーク

答え 6ページ

やってみよう

☆ のこりの 色紙は，何まいですか。

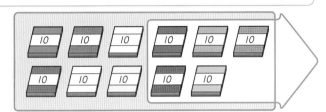

考え方 💡
百何十 ひく 何十の
計算は，
10が いくつ分に
なるかを 考えます。
110−50の 計算は，
10が 11−5＝6（こ）
で 60に なります。
110−50＝60

しき 110−50＝□　　答え □ まい

1 計算を しましょう。

❶ 110−30

❷ 120−50

❸ 160−80

❹ 150−60

❺ 130−70

❻ 170−80

❼ 140−50

❽ 160−90

❾ 110−60

❿ 150−70

⓫ 140−80

⓬ 180−90

⓭ 120−80

⓮ 140−60

⓯ 170−90

⓰ 150−90

⓱ 160−70

⓲ 120−30

110−30は？
11−3だったら
わかるよね。

5 1000までの 数

⑦ 何百の たし算
きほんのワーク

答え 6ページ

やってみよう

☆ 色紙は, ぜんぶで 何まい ありますか。

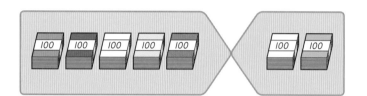

考え方 💡
何百 たす 何百の 計算は,
100が いくつ分に
なるかを 考えます。
500+200の 計算は, 100が
5+2=7(こ)で
700に なります。
500+200=700

しき 500+200＝□　**答え** □ まい

1 計算を しましょう。

① 400+500　　② 100+600

③ 500+400　　④ 300+600

⑤ 700+200　　⑥ 500+500

⑦ 400+400　　⑧ 100+900

2 計算を しましょう。

① 300+50

② 500+20　　③ 100+80

④ 700+10　　⑤ 400+9

⑥ 800+2　　⑦ 600+5

⑧ 100+8　　⑨ 300+4

おうちのかたへ (何百)+(何百), 300+50 などの計算を学習します。
100の束で考えれば, これまでに学習したことがそのまま使えます。

⑧ 何百の ひき算
きほんのワーク

答え 6ページ

☆ のこりの 色紙は，何まいですか。

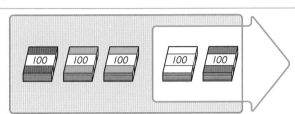

しき 500−200＝ ☐　答え ☐ まい

考え方
何百 ひく 何百の 計算は，100が いくつ分に なるかを 考えます。500−200の 計算は，100が 5−2＝3（こ）で 300に なります。
500−200＝300

1 計算を しましょう。

① 600−200　　② 800−300

③ 500−300　　④ 700−400

⑤ 900−400　　⑥ 800−500

⑦ 1000−500　　⑧ 1000−700

100の たばで 考えよう。

2 計算を しましょう。

① 230−30　　② 570−70

③ 190−90　　④ 920−20

⑤ 860−60　　⑥ 409−9

⑦ 707−7　　⑧ 304−4

⑨ 606−6　　⑩ 502−2

おうちのかたへ （何百）−（何百），230−30などの計算を学習します。たし算のときと同じように，100の束で考えていけば大丈夫です。230は200と30のように考えましょう。

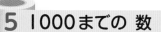

まとめのテスト①

答え 6ページ

時間 20分

とく点 　　　／100点

1 数字で 書きましょう。　　　　　　　　　　　　　　　1つ5〔15点〕

❶ 二百四十九　　　　　　❷ 八百二　　　　　　　　❸ 六百

（　　　　　　）　　　（　　　　　　）　　　（　　　　　　）

2 よく出る つぎの 数を 数字で 書きましょう。　　　　1つ10〔40点〕

❶ 100を 6こ, 1を 4こ あわせた 数　　　　（　　　　　　）

❷ 10を 49こ あつめた 数　　　　　　　　　（　　　　　　）

❸ 100を 10こ あつめた 数　　　　　　　　 （　　　　　　）

❹ 1000より 500 小さい 数　　　　　　　　（　　　　　　）

3 ↓が あらわす 数を 書きましょう。　　　　　　　　　1つ5〔45点〕

❶
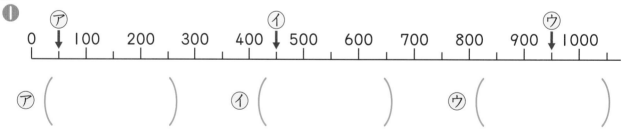

⑦（　　　　　　）　　⑦（　　　　　　）　　⑦（　　　　　　）

❷
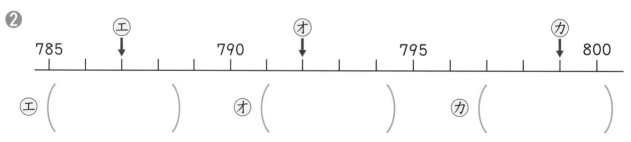

⑤（　　　　　　）　　⑤（　　　　　　）　　⑤（　　　　　　）

❸
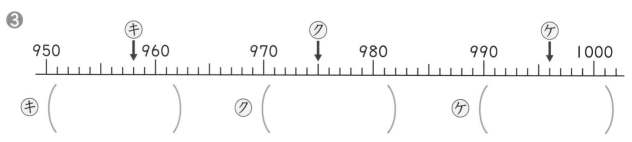

⑦（　　　　　　）　　⑦（　　　　　　）　　⑦（　　　　　　）

34

□100より 大きい 数の しくみが わかったかな。
□数の線を よむ ことが できるかな。

時間 **20** 分

とく点 /100点

答え 6ページ

1 □に あてはまる ＞, ＜, ＝を 書きましょう。 1つ5〔20点〕

❶ 685 □ 586

❷ 306 □ 315

❸ 90 □ 70＋30

❹ 100 □ 20＋60

2 よく出る 計算を しましょう。 1つ4〔40点〕

❶ 40＋80

❷ 70＋60

❸ 80＋90

❹ 120－40

❺ 130－50

❻ 160－80

❼ 500＋300

❽ 400＋600

❾ 800－600

❿ 1000－200

3 計算を しましょう。 1つ5〔40点〕

❶ 600＋50

❷ 650－50

❸ 200＋9

❹ 209－9

❺ 400＋30

❻ 580－80

❼ 900＋6

❽ 709－9

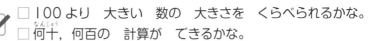
□ 100より 大きい 数の 大きさを くらべられるかな。
□ 何十, 何百の 計算が できるかな。

35

① かさの たんい
きほんのワーク

答え 7ページ

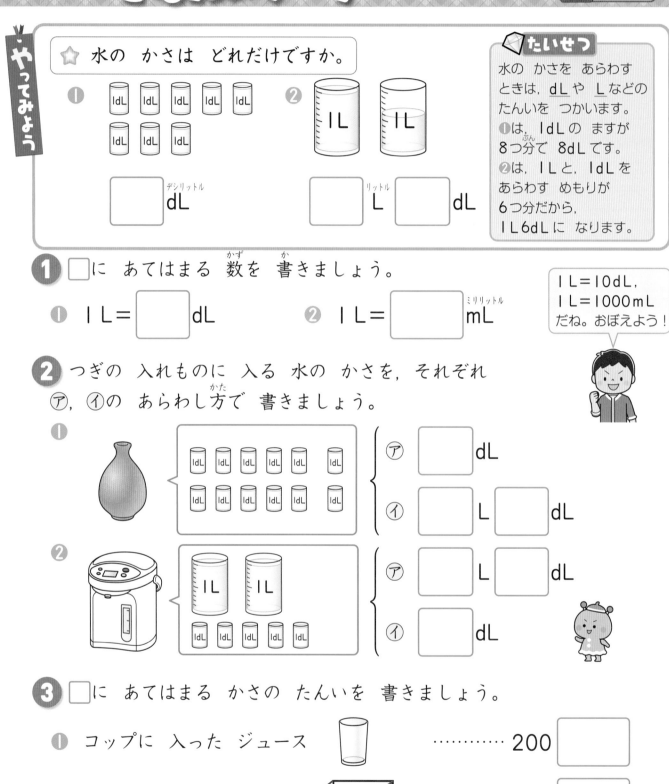

やってみよう

☆ 水の かさは どれだけですか。

❶ 1dL 1dL 1dL 1dL 1dL　1dL 1dL 1dL

□ dL（デシリットル）

❷ 1L 1L

□ L（リットル） □ dL

たいせつ

水の かさを あらわす ときは, dL や L などの たんいを つかいます。
❶は, 1dL の ますが 8つ分で 8dL です。
❷は, 1L と, 1dL を あらわす めもりが 6つ分だから, 1L6dL に なります。

❶ □に あてはまる 数を 書きましょう。

❶ 1L = □ dL　　❷ 1L = □ mL（ミリリットル）

1L=10dL,
1L=1000mL
だね。おぼえよう!

❷ つぎの 入れものに 入る 水の かさを, それぞれ ⑦, ⑦の あらわし方で 書きましょう。

❶ 1dL 1dL 1dL 1dL 1dL 1dL　1dL 1dL 1dL 1dL 1dL 1dL

⑦ □ dL

⑦ □ L □ dL

❷ 1L 1L　1dL 1dL 1dL 1dL 1dL

⑦ □ L □ dL

⑦ □ dL

❸ □に あてはまる かさの たんいを 書きましょう。

❶ コップに 入った ジュース　……… 200 □

❷ 水そうに 入った 水　……… 4 □

❸ 水とうに 入った お茶　……… 3 □

おうちのかたへ 1L=10dL, 1L=1000mL の関係をしっかり覚えましょう。

② かさの 計算
きほんのワーク

答え 7ページ

やってみよう

☆ 計算を しましょう。

① 3L+1L5dL= ☐ L ☐ dL
└─ たんいを つけて しきを 書きます。

② 4L5dL−2dL= ☐ L ☐ dL

考え方 💡
かさの 計算では,
同じ たんいの 数どうしを
計算します。
① 3L+1L5dL=4L5dL

---

1 計算を しましょう。

① 3L1dL+5dL= ☐ L ☐ dL

② 5L3dL−2L= ☐ L ☐ dL

③ 3L6dL+4dL= ☐ L

④ 2L7dL−2L= ☐ dL

⑤ 3L4dL+1L2dL

⑥ 4L6dL−2L5dL

⑦ 5L+2L

⑧ 700mL−300mL

Lどうし,
dLどうしを
計算するよ。

---

2 多い ほうの かさを ◯ で かこみましょう。

① [1L , 12dL]

② [1L6dL , 15dL]

③ [1L9dL , 21dL]

④ [980mL , 1L]

1L=10dL,
1L=1000mL
だね。しっかり
おぼえよう。

おうちのかたへ かさの計算は，長さの計算のときのように，同じ単位の数どうしを計算します。
L，dL，mL の関係を正確につかんでおきましょう。

まとめのテスト❶

答え 7ページ

時間 **20** 分

とく点 ／100点

1 よく出る 水の かさは どれだけですか。　1つ7〔28点〕

❶

(　　　　　)

❷

(　　　　　)

❸

(　　　　　)

❹

(　　　　　)

2 □に あてはまる 数を 書きましょう。　1つ6〔48点〕

❶ 10 dL = ☐ L

❷ 1 L 3 dL = ☐ dL

❸ 1 L 5 dL = ☐ dL

❹ 18 dL = ☐ L ☐ dL

❺ 26 dL = ☐ L ☐ dL

❻ 32 dL = ☐ L ☐ dL

❼ 30 dL = ☐ L

❽ 2 L 7 dL = ☐ dL

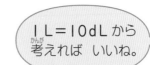 1 L = 10 dL から 考えれば いいね。

3 □に あてはまる 数を 書きましょう。　1つ6〔24点〕

❶ 1 L = ☐ mL

❷ 1000 mL = ☐ L

❸ 1 dL = ☐ mL

 1 L = 1000 mL, 1 dL = 100 mL から 考えよう。

❹ 400 mL = ☐ dL

 チェック ☑ □ L, dL, mL の かんけいが わかったかな。
□ かさの たんいを つかって, かさを あらわす ことが できるかな。

まとめのテスト❷

答え 7ページ

時間 **20**分

とく点 /100点

---

1 よく出る 計算を しましょう。 1つ5〔50点〕

① 4L+2L ② 4L−2L

③ 6dL+3dL ④ 6dL−3dL

⑤ 4L2dL+3L ⑥ 4L2dL−3L

⑦ 3L6dL+2dL ⑧ 3L6dL−2dL

⑨ 7L4dL+2L3dL ⑩ 7L4dL−2L3dL

2 計算を しましょう。 1つ5〔20点〕

① 5L8dL+3L2dL ② 5L−3L2dL

③ 2L9dL+6L7dL ④ 9L3dL−6L7dL

3 多い ほうの かさを ◯で かこみましょう。 1つ5〔30点〕

① [13dL , 1L2dL] ② [2L5dL , 26dL]

③ [1L , 11dL] ④ [800mL , 1L]

⑤ [1L7dL , 16dL]

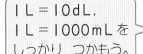
1L=10dL,
1L=1000mLを
しっかり つかもう。

⑥ [3L , 29dL]

 □ かさの 計算が できるかな。
□ かさを くらべる ことが できるかな。

39

① 3つの 数の たし算
きほんのワーク

答え 7ページ

やってみよう

⭐ くふうして 計算しましょう。

❶ $6+9+1 = \boxed{6} + (\boxed{9} + \boxed{1})$

$9+1 = \boxed{}$

$\boxed{} + \boxed{} = \boxed{}$

❷ $13+28+2 = \boxed{13} + (\boxed{28} + \boxed{2})$

$28+2 = \boxed{}$

$\boxed{} + \boxed{} = \boxed{}$

考え方

たし算では, たす じゅんじょを かえても 答えは 同じに なります。
3つの 数の たし算では, たす じゅんじょを くふうすると, 計算が かんたんに なる ことが あります。

$17+39+1$
$=17+(39+1)$
$=17+40$
$=57$

( )の 中を, 先に 計算します。

1 計算を しましょう。

❶ $19+(8+2)$　┌─( )の 中を 先に 計算します。

❷ $7+(25+5)$

❸ $26+(17+3)$

❹ $34+(1+39)$

❺ $38+(6+34)$

❻ $29+(12+28)$

❶の $19+(8+2)$と $(19+8)+2$は 同じ 答えに なるね。
❷～❻は どうだろう。

おうちのかたへ たし算では, たす順序をかえても答えが同じになります。( )の中は先に計算します。
この性質を使って, 工夫して計算すると, とても計算が簡単になります。

2 くふうして 計算しましょう。

( )を つけて 計算します。

① 8＋6＋4

② 19＋2＋8

③ 3＋5＋45

④ 6＋31＋9

⑤ 7＋24＋6

⑥ 27＋5＋15

⑦ 8＋3＋27

⑧ 3＋9＋51

⑨ 6＋35＋5

⑩ 5＋4＋16

⑪ 4＋28＋2

⑫ 7＋61＋9

32＋8を 先に 計算します。

⑬ 11＋4＋26

⑭ 32＋6＋8

⑮ 5＋27＋15

⑯ 18＋31＋2

⑰ 47＋16＋3

⑱ 1＋32＋49

⑲ 28＋54＋6

⑳ 43＋39＋7

㉑ 32＋24＋8

㉒ 13＋8＋62

㉓ 42＋9＋21

㉔ 36＋28＋4

㉕ 56＋18＋2

㉖ 29＋22＋38

㉗ 3＋25＋7

㉘ 6＋17＋4

㉙ 8＋39＋12

㉚ 43＋26＋7

② たし算の しかたの くふう
きほんのワーク

答え 8ページ

答え 8ページ

☆ 28＋7の 計算の しかたを 考えましょう。

あいり　28＋7
← たされる数を 分ける。
20　8

・ 8 と 7 で □

・ 20 と 15で □

はると　28＋7
→ たす数を 分ける。
2　5

・ 28 と 2 で □

・ 30 と 5 で □

いろいろな やり方が あるね。

---

1 くふうして 計算しましょう。

① 14＋8

② 29＋6

③ 58＋7

④ 16＋6

⑤ 31＋9

⑥ 48＋5

⑦ 69＋8

⑧ 86＋7

⑨ 8＋36

⑩ 2＋49

⑪ 6＋57

⑫ 3＋78

⑬ 5＋35

⑭ 7＋63

⑮ 4＋79

⑯ 9＋87

おうちのかたへ　たされる数やたす数を分解して，工夫して計算します。
☆のように，やり方は1つではありません。

③ ひき算の しかたの くふう

きほんのワーク

答え 8ページ

☆ 34−5の 計算の しかたを 考えましょう。

はると 34−5 ←ひかれる数を 分ける。
20 14

- 14から 5を ひいて ☐

- 20と 9で ☐

あいり 34−5 ひく数を→ 分ける。
4 1

- 34から 4を ひいて ☐

- 30から 1を ひいて ☐

1 くふうして 計算しましょう。

① 12−5

② 15−8

③ 23−7

④ 37−9

⑤ 26−8

⑥ 42−6

⑦ 30−7

⑧ 48−9

⑨ 53−4

⑩ 66−8

⑪ 81−5

⑫ 72−9

⑬ 60−3

⑭ 90−6

⑮ 74−7

⑯ 87−8

まとめのテスト❶

答え 8ページ

時間 **20** 分

とく点 /100点

1 計算を しましょう。 1つ5〔25点〕

① （8＋12）＋35

② （1＋9）＋27

③ （25＋5）＋26

④ 35＋（20＋40）

⑤ 18＋（27＋3）

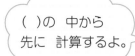

（ ）の 中から 先に 計算するよ。

2 よく出る くふうして 計算しましょう。 1つ5〔25点〕

① 25＋7＋13

② 8＋43＋7

③ 19＋22＋8

④ 5＋24＋15

⑤ 27＋62＋3

どこから 計算すると かんたんかな？

3 くふうして 計算しましょう。 1つ5〔50点〕

① 34＋8

② 47＋9

③ 56＋7

④ 6＋28

⑤ 5＋36

⑥ 75－8

⑦ 43－9

⑧ 62－5

⑨ 61－8

⑩ 70－3

□ （ ）の ある 計算の しかたが わかったかな。
□ 計算が かんたんに なるように，くふうできるかな。

 まとめのテスト❷

答え 8ページ

 時間 20分

とく点 /100点

1 計算を しましょう。 　　　　　　　　　　　　　　　　　1つ3〔12点〕

❶ （14＋6）＋24　　　　　　　❷ 18＋（5＋15）

❸ 23＋（18＋12）　　　　　　　❹ 36＋（16＋4）

2 よく出る くふうして 計算しましょう。 　　　　　　　1つ5〔40点〕

❶ 27＋14＋6　　　　　　　　　❷ 8＋57＋3

❸ 18＋25＋5　　　　　　　　　❹ 36＋8＋2

❺ 28＋44＋2　　　　　　　　　❻ 13＋59＋7

❼ 15＋38＋15　　　　　　　　❽ 35＋27＋5

3 くふうして 計算しましょう。 　　　　　　　　　　　　1つ4〔48点〕

❶ 27＋5　　　　　　　　　　　❷ 48＋7

❸ 36＋6　　　　　　　　　　　❹ 7＋16

❺ 5＋48　　　　　　　　　　　❻ 8＋35

❼ 62－5　　　　　　　　　　　❽ 45－7

❾ 51－6　　　　　　　　　　　❿ 36－9

⓫ 60－4　　　　　　　　　　　⓬ 80－8

チェック ☑ □いろいろな やり方で 計算が できるかな。
□くふうして 計算が できるかな。

① 百のくらいに くり上がる たし算

きほんのワーク

答え 8ページ

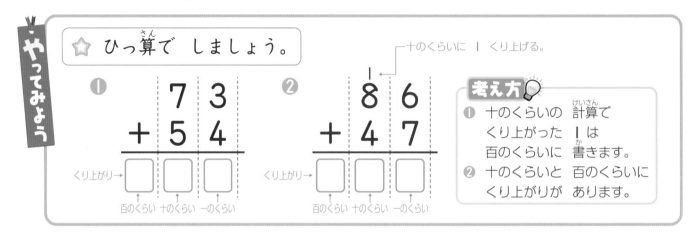

やってみよう

☆ ひっ算で しましょう。

十のくらいに 1 くり上げる。

①
```
  7 3
+ 5 4
```
くり上がり→ □ □ □
百のくらい 十のくらい 一のくらい

②
```
  8 6
+ 4 7
```
くり上がり→ □ □ □
百のくらい 十のくらい 一のくらい

考え方

① 十のくらいの 計算で くり上がった 1は 百のくらいに 書きます。

② 十のくらいと 百のくらいに くり上がりが あります。

---

1 たし算を しましょう。

①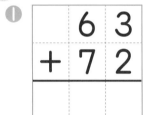
```
  6 3
+ 7 2
```

②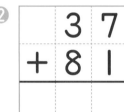
```
  3 7
+ 8 1
```

③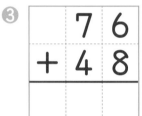
```
  7 6
+ 4 8
```

④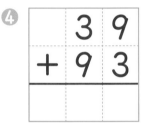
```
  3 9
+ 9 3
```

⑤
```
  4 7
+ 7 3
```

⑥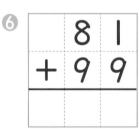
```
  8 1
+ 9 9
```

⑦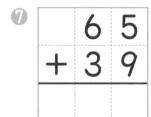
```
  6 5
+ 3 9
```

⑧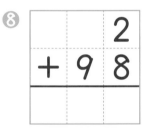
```
    2
+ 9 8
```

---

2 ひっ算で しましょう。

① 57＋82

② 80＋43

③ 76＋67

④ 65＋56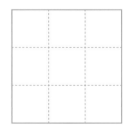

⑤ 63＋39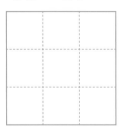

⑥ 75＋25

⑦ 97＋8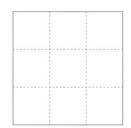

⑧ 6＋98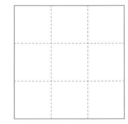

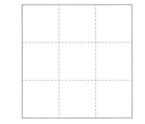

おうちのかたへ 十の位にくり上がる筆算はすでに学習していますが，ここでは百の位にくり上がる（2けた）＋（1〜2けた）の筆算を学習します。くり上がりに注意しましょう。

③ ひっ算で しましょう。

① 35＋92　② 63＋56　③ 27＋81　④ 54＋62

⑤ 92＋15　⑥ 70＋31　⑦ 83＋42　⑧ 46＋73

⑨ 46＋79　⑩ 74＋26　⑪ 9＋99　⑫ 58＋43

⑬ 5＋96　⑭ 69＋45　⑮ 27＋97　⑯ 85＋38

⑰ 48＋64　⑱ 97＋3　⑲ 82＋19　⑳ 36＋86

㉑ 53＋78　㉒ 71＋79　㉓ 46＋84　㉔ 64＋57

② 百のくらいから くり下がる ひき算
きほんのワーク

答え 9ページ

☆ ひっ算で しましょう。

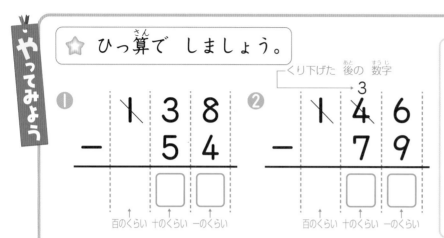

くり下げた 後の 数字

①
```
  1̸ 3 8
-   5 4
```
百のくらい 十のくらい 一のくらい

②
```
  1̸ ⁴4 6
-   7 9
```
百のくらい 十のくらい 一のくらい

考え方
● 十のくらいの 計算は，
3から 5は ひけないので，
13−5＝8と なります。

② 一のくらいの 計算は，
十のくらいから 1 くり下げて
16−9＝7と なります。
十のくらいの 計算は，
百のくらいから 1 くり下げて
13−7＝6と なります。

1 ひき算を しましょう。

①
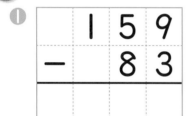
```
  1 5 9
-   8 3
```

②

```
  1 2 7
-   6 4
```

③
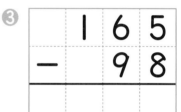
```
  1 6 5
-   9 8
```

④

```
  1 4 3
-   5 6
```

⑤

```
  1 1 3
-   2 7
```

⑥

```
  1 3 7
-   4 8
```

2 ひっ算で しましょう。

① 145−83

② 173−90

③ 152−87

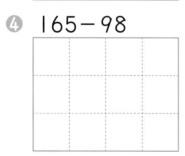

④ 165−98

⑤ 175−77

⑥ 130−34

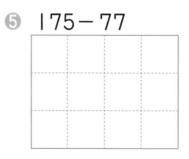

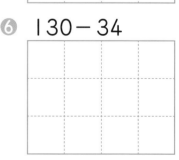

おうちのかたへ 百の位からくり下がる（3けた）−（2けた）の筆算です。百の位，十の位と2回くり下がりのある計算は特にミスをしやすいので，くり返し練習しましょう。

❸ ひっ算で しましょう。

① 136−50

② 164−90

③ 126−35

④ 168−73

⑤ 171−91

⑥ 115−43

⑦ 162−79

⑧ 142−67

⑨ 153−99

⑩ 125−59

⑪ 132−68

⑫ 114−25

⑬ 122−85

⑭ 135−37

⑮ 181−98

⑯ 124−26

⑰ 160−69

⑱ 170−85

③ 十のくらいが 0の ひき算
きほんのワーク

答え 9ページ

⭐ ひっ算で しましょう。

一のくらいの 計算

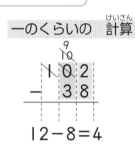

12−8＝4

十のくらいからは くり下げられないから，まず，百のくらいから 十のくらいに 1 くり下げて，つぎに，十のくらいから 一のくらいに 1 くり下げるよ。

十のくらいの 計算

1くり下げたので 9

➡ 9−3＝6

百のくらい 十のくらい 一のくらい

1 ひき算を しましょう。

①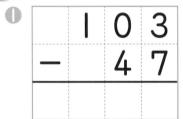

②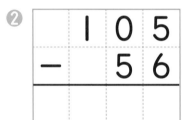

③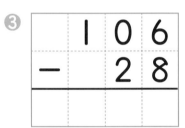

④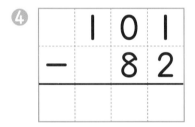

⑤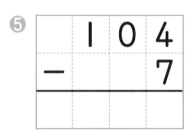

⑥

2 ひっ算で しましょう。

① 107−69

② 103−84

③ 100−9

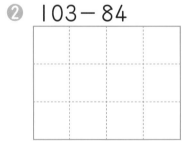

④ 101−9

⑤ 102−5

⑥ 107−8

おうちのかたへ　十の位が 0 になっている 3 けたの数からひくひき算の筆算です。一の位へくり下げるため，百の位から十の位へ，十の位から一の位へとくり下がりが起きるので，注意しましょう。

3 ひっ算で しましょう。

① 100 − 3

② 105 − 17

③ 103 − 45

④ 108 − 79

⑤ 104 − 88

⑥ 101 − 6

⑦ 106 − 29

⑧ 104 − 46

⑨ 102 − 63

⑩ 100 − 15

⑪ 104 − 69

⑫ 103 − 48

⑬ 105 − 48

⑭ 102 − 57

⑮ 101 − 79

⑯ 107 − 39

⑰ 101 − 17

⑱ 107 − 58

④ 3けたの たし算
きほんのワーク

答え 10ページ

☆ ひっ算で しましょう。

十のくらいに 1 くり上げる。

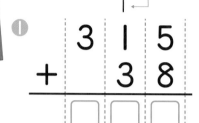

①
```
   3 1 5
 +   3 8
 ☐ ☐ ☐
```

②
```
   2 6 7
 +     8
 ☐ ☐ ☐
```

◆ たいせつ

（3けた）+（2けた）や
（3けた）+（1けた）の 計算も
くらいを そろえて
一のくらいから 計算します。

1 ひっ算で しましょう。

①
```
  4 5 6
+   4 2
```

②
```
    6 7
+ 2 1 8
```

③
```
  5 1 3
+     7
```

④ 208+75

⑤ 36+604

⑥ 724+9

⑦ 325+53

⑧ 26+507

⑨ 624+46

⑩ 8+839

⑪ 447+27

⑫ 6+715

おうちのかたへ　（3けた）+（2けた），（3けた）+（1けた）の筆算です。
くり上がりに注意して計算しましょう。

⑤ 3けたの ひき算
きほんのワーク

答え 10ページ

☆ ひっ算で しましょう。

くり下げた 後の 数字

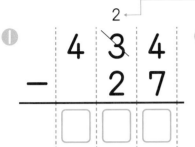

◇ たいせつ

（3けた）−（2けた）や
（3けた）−（1けた）の 計算も
くらいを そろえて
一のくらいから 計算します。

1 ひっ算で しましょう。

①
```
  5 8 7
−   3 6
```

②
```
  3 4 5
−   3 8
```

③
```
  4 7 6
−     9
```

④ 293−76

⑤ 352−49

⑥ 114−8

⑦ 484−38

⑧ 651−43

⑨ 712−6

⑩ 893−54

⑪ 546−19

⑫ 395−7

⑥ 3つの 数の たし算
きほんのワーク

答え 10ページ

やってみよう

☆ 36＋17＋28の 計算を ひっ算で しましょう。

```
  2
  3 6
  1 7
＋ 2 8
─────
    □
```

→

```
  2
  3 6
  1 7
＋ 2 8
─────
    □ 1
```

くらいを
そろえて
計算すれば
いいね。

⚠ **ちゅうい**

3つの 数の たし算は,
ひっ算で いちどに
計算できます。
くり上がりに 気を
つけましょう。

6＋7＋8＝ □　2 くり上げたから

2＋3＋1＋2＝ □

❶ ひっ算で しましょう。

① 18＋47＋22

```
＋
───
```

② 27＋19＋35

```
＋
───
```

③ 34＋18＋33

```
＋
───
```

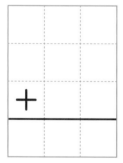
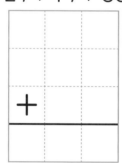
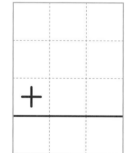

④ 36＋47＋55

```
＋
───
```

⑤ 35＋69＋48

```
＋
───
```

⑥ 49＋26＋35

```
＋
───
```

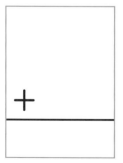
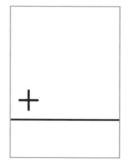
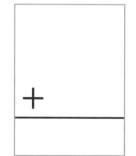

一のくらいから 2 くり上がる ときも あるね。
ちょっと むずかしいけど がんばろう。

おうちのかたへ 3つの数のたし算は, 1つの筆算でできます。❶②のように, 一の位から2くり上がる
場合もあるので, 注意しましょう。応用的な内容ですが, 頑張ってやってみましょう。

⑦ 3つの 数の 計算
きほんのワーク

答え 10ページ

☆ 27＋36－18の 計算を ひっ算で しましょう。

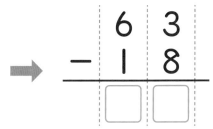

27＋36の 計算

```
  2 7
＋ 3 6
─────
  6 3
```

→

63－18の 計算

```
  6 3
－ 1 8
─────
```

たいせつ

3つの 数の 計算で，ひき算が まじっている ときは，2回（かい）に 分（わ）けて 計算します。

1 ひっ算で しましょう。

① 48＋27－33

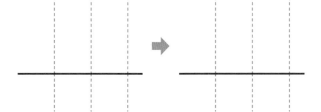

```
  4 8
＋ 2 7
─────
```
→
```
－
```

② 93－65＋24

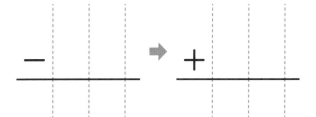

```
－
```
→
```
＋
```

③ 82－57＋38

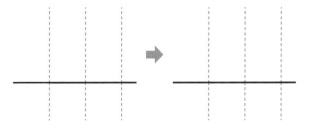

④ 16＋66－45

⑤ 80－42－17

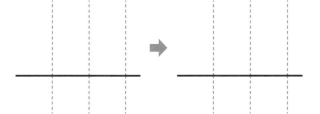

⑥ 75－18－29

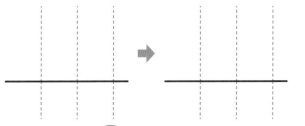

くり上がりや くり下がりに 気を つけて 計算しよう。

おうちのかたへ 3つの数の計算で，ひき算が混じっているときは，54ページのような筆算はせず，2回に分けて順に計算します。

まとめのテスト①

べんきょうした 日　月　日

時間 20分

答え 11ページ

とく点　/100点

1 よく出る たし算を しましょう。

1つ5〔50点〕

①
$$\begin{array}{r} 74 \\ +63 \\ \hline \end{array}$$

②
$$\begin{array}{r} 27 \\ +92 \\ \hline \end{array}$$

③
$$\begin{array}{r} 63 \\ +78 \\ \hline \end{array}$$

④
$$\begin{array}{r} 50 \\ +84 \\ \hline \end{array}$$

⑤
$$\begin{array}{r} 48 \\ +86 \\ \hline \end{array}$$

⑥
$$\begin{array}{r} 35 \\ +65 \\ \hline \end{array}$$

⑦
$$\begin{array}{r} 93 \\ +\ 8 \\ \hline \end{array}$$

⑧
$$\begin{array}{r} 5 \\ +97 \\ \hline \end{array}$$

⑨
$$\begin{array}{r} 623 \\ +\ 46 \\ \hline \end{array}$$

⑩
$$\begin{array}{r} 72 \\ +319 \\ \hline \end{array}$$

くり上がりに ちゅういしよう。

2 よく出る ひき算を しましょう。

1つ5〔50点〕

①
$$\begin{array}{r} 139 \\ -\ 67 \\ \hline \end{array}$$

②
$$\begin{array}{r} 123 \\ -\ 55 \\ \hline \end{array}$$

③
$$\begin{array}{r} 113 \\ -\ 37 \\ \hline \end{array}$$

④
$$\begin{array}{r} 126 \\ -\ 49 \\ \hline \end{array}$$

⑤
$$\begin{array}{r} 103 \\ -\ 36 \\ \hline \end{array}$$

⑥
$$\begin{array}{r} 107 \\ -\ 29 \\ \hline \end{array}$$

⑦
$$\begin{array}{r} 102 \\ -\ 34 \\ \hline \end{array}$$

⑧
$$\begin{array}{r} 100 \\ -\ 7 \\ \hline \end{array}$$

⑨
$$\begin{array}{r} 638 \\ -\ 27 \\ \hline \end{array}$$

⑩
$$\begin{array}{r} 371 \\ -\ 68 \\ \hline \end{array}$$

くり下がりに 気を つけよう。

□ くり上がる たし算の ひっ算を まちがえずに できるかな。
□ くり下がる ひき算の ひっ算を まちがえずに できるかな。

まとめのテスト❷

答え 11ページ

時間 20分

とく点 /100点

1 下の 計算は まちがって います。まちがいを 見つけて, 正しい 答えを もとめましょう。

1つ7〔28点〕

①
```
   84
 +96
 ─────
  170
```

②
```
   27
+304
─────
  321
```

③
```
  103
－ 76
─────
   37
```

④
```
  116
－  9
─────
   97
```

( ) ( ) ( ) ( )

2 ひっ算で しましょう。

1つ8〔72点〕

① 73+96

② 63+57

③ 82+29

④ 183－92

⑤ 146－87

⑥ 103－89

⑦ 4+207

⑧ 843－39

⑨ 712－5

 チェック ✓
☐ くらいを そろえて, ひっ算が できるかな。
☐ ひっ算の しかたを せつ明できるかな。

57

べんきょうした 日　月　日

① かけ算の しき
きほんのワーク

答え 11ページ

☆ クッキーは ぜんぶで 何こ ありますか。

１さらに □ こずつ ○ さら分で， □ こです。

しき □ × ○ = □

１つ分の 数　いくつ分　ぜんぶの 数

「五 かける 四は 二十」と よみます。

たいせつ
同じ 数ずつの ものが 何こか あるときは，かけ算の しきに あらわす ことが できます。

1 かけ算の しきに 書きましょう。

①

１ふくろに □ こずつ ○つ分 あります。

しき □ × ○ = 12

１つ分の 数　いくつ分　ぜんぶの 数

4×3の 答えは，4＋4＋4の 計算で もとめる ことが できるよ。

②

しき □ × ○ = □

2 バナナは ぜんぶで 何本 ありますか。

１ふさに ５本ずつ あるね。ぜんぶで 何本かな？

しき □ × ○ = □　答え（　　　）

58

おうちのかたへ　ここからかけ算の学習が始まります。まずはかけ算の式で表すことに慣れましょう。「１つ分の数」と「いくつ分」が大切です。

② 何ばい
きほんのワーク

☆ 5cmの テープが あります。
　5cmの テープの 2つ分の 長さは 何cm ですか。

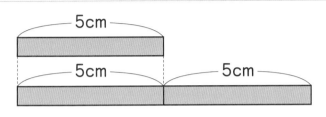

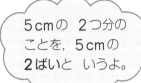
5cmの 2つ分の ことを, 5cmの 2ばいと いうよ。

しき 5 × □ = □　　答え □ cm

1 テープの 長さは 何cmですか。

① 5cmの テープの 3ばいの 長さ

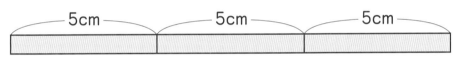

しき 5 × □ = □　　答え（　　　）

② 2cmの テープの 4ばいの 長さ

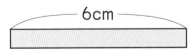

3つ分や 4つ分の ことを, 3ばいや 4ばいと いうよ。

しき 2 × □ = □　　答え（　　　）

③ 6cmの テープの 1ばいの 長さ

6cm

1ばいは, 1つ分の ことだよ。

しき 6 × □ = □　　答え（　　　）

2 いくつですか。

① の 3ばい □ こ　　② の 2ばい □ こ

おうちのかたへ　1つ分を「1倍」, 2つ分を「2倍」, 3つ分を「3倍」, …といい,
5cmの 2倍の長さは, 5×2の式で求めます。

59

③ 5のだんの 九九
きほんのワーク

答え 11ページ

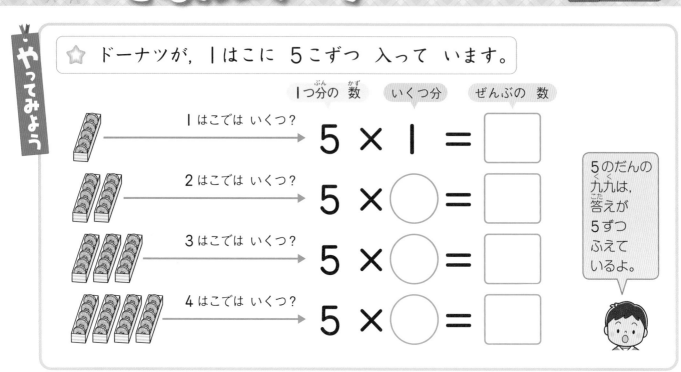

やってみよう

☆ ドーナツが，1はこに 5こずつ 入って います。

|1つ分の 数|いくつ分|ぜんぶの 数|

1はこでは いくつ？ → $5 \times 1 = \boxed{}$

2はこでは いくつ？ → $5 \times \bigcirc = \boxed{}$

3はこでは いくつ？ → $5 \times \bigcirc = \boxed{}$

4はこでは いくつ？ → $5 \times \bigcirc = \boxed{}$

5のだんの
九九は，
答えが
5ずつ
ふえて
いるよ。

❶ 上の もんだいの つづきを 書きましょう。

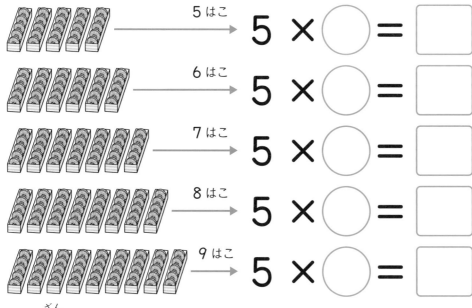

5はこ → $5 \times \bigcirc = \boxed{}$

6はこ → $5 \times \bigcirc = \boxed{}$

7はこ → $5 \times \bigcirc = \boxed{}$

8はこ → $5 \times \bigcirc = \boxed{}$

9はこ → $5 \times \bigcirc = \boxed{}$

五一が 　5
五二　　10
五三　　15
五四　　20
五五　　25
五六　　30
五七　　35
五八　　40
五九　　45

声に 出して
おぼえよう！

❷ かけ算を しましょう。

① 5×2　　　② 5×5　　　③ 5×1

④ 5×4　　　⑤ 5×7　　　⑥ 5×6

⑦ 5×9　　　⑧ 5×3　　　⑨ 5×8

おうちのかたへ　九九を覚えておくと，かけ算の答えが簡単に出せます。声に出して覚えましょう。

④ 2のだんの 九九
きほんのワーク

答え 12ページ

☆ プリンが, １パックに 2こずつ 入って います。

１つ分の 数　　いくつ分　　ぜんぶの 数

１パックでは いくつ？ → 2 × 1 = ☐

2パックでは？ → 2 × ◯ = ☐

→ 2 × ◯ = ☐

→ 2 × ◯ = ☐

→ 2 × ◯ = ☐

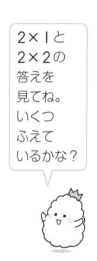
2×1と
2×2の
答えを
見てね。
いくつ
ふえて
いるかな？

2, 4, 6, 8, 10, …のように, 答えは ☐ ずつ ふえて います。

1 答えが 2ずつ ふえる ことを つかって, 答えましょう。

❶ 2×6 = 12

❷ 2×7 = ☐

❸ 2×8 = ☐

❹ 2×9 = ☐

声に 出して おぼえよう！
二一が　2　｜　二六　12
二二が　4　｜　二七　14
二三が　6　｜　二八　16
二四が　8　｜　二九　18
二五　　10

2 かけ算を しましょう。
❶ 2×3　　❷ 2×2　　❸ 2×1
❹ 2×6　　❺ 2×9　　❻ 2×5
❼ 2×8　　❽ 2×4　　❾ 2×7

61

⑤ 3のだんの 九九
きほんのワーク

答え 12ページ

☆ だんごが, くしに 3 こずつ さして あります。

| 1つ分の 数 | いくつ分 | ぜんぶの 数 |

3 × 1 = ☐

3 × ◯ = ☐

3 × ◯ = ☐

3 × ◯ = ☐

3 × ◯ = ☐

3のだんの 九九は, 答えが いくつずつ ふえて いるかな？

3, 6, 9, 12, 15, …のように, 答えは ☐ ずつ ふえて います。

1 答えが 3ずつ ふえる ことを つかって, 答えましょう。

① 3×6= 18

② 3×7= ☐

③ 3×8= ☐

④ 3×9= ☐

声に 出して おぼえよう！

さんいち 三一が 3	さぶろく 三六 18
さんに 三二が 6	さんしち 三七 21
さざん 三三が 9	さんぱ 三八 24
さんし 三四 12	さんく 三九 27
さんご 三五 15	

2 かけ算を しましょう。

① 3×4　　② 3×3　　③ 3×1

④ 3×7　　⑤ 3×2　　⑥ 3×6

⑦ 3×9　　⑧ 3×5　　⑨ 3×8

おうちのかたへ　3の段の九九です。答えが 1けたの数のときは「三二が 6」「三三が 9」などのように 「が」が入ります。

⑥ 4のだんの 九九
きほんのワーク

答え 12ページ

☆ 4のだんの 九九を つくりましょう。

	1つ分の 数	いくつ分	ぜんぶの 数

4 × 1 = ☐

4 × ◯ = ☐

4 × ◯ = ☐

4 × ◯ = ☐

4 × ◯ = ☐

4, 8, 12, 16, 20, …のように, 答えは ☐ ずつ ふえて います。

1 答えが 4ずつ ふえる ことを つかって, 答えましょう。

① 4×6 = 24

② 4×7 = ☐

③ 4×8 = ☐

④ 4×9 = ☐

声に 出して おぼえよう！

四一が	4	四六	24
四二が	8	四七	28
四三	12	四八	32
四四	16	四九	36
四五	20		

2 かけ算を しましょう。

① 4×3　　② 4×1　　③ 4×8

④ 4×6　　⑤ 4×9　　⑥ 4×4

⑦ 4×2　　⑧ 4×5　　⑨ 4×7

おうちのかたへ　4の段です。九九を唱える（とな）ときは，「いち」「し」「しち」「はち」などが間違えやすいようです。「四七28」などはその例です。

63

まとめのテスト①

答え 12ページ

時間 20分

とく点 /100点

1 よく出る かけ算を しましょう。

1つ5〔90点〕

① 5×3

② 3×4

③ 4×6

④ 2×1

⑤ 3×7

⑥ 4×5

⑦ 2×9

⑧ 5×6

⑨ 5×2

⑩ 2×3

⑪ 4×3

⑫ 3×6

⑬ 2×7

⑭ 5×7

⑮ 5×9

⑯ 4×9

⑰ 3×5

⑱ 3×8

2 ジュースが 1はこに 6本ずつ 入って います。

〔10点〕

ジュースが ぜんぶで 何本 あるかを もとめる しきは,

□ × □ です。6×4は □ ＋ □ ＋ □ ＋ □ の

計算で もとめる ことが できるので, ジュースは ぜんぶで

□ 本 あります。

 □ 5, 2, 3, 4のだんの 九九を ぜんぶ いえるかな。
□ かけ算の しきを 書く ことが できるかな。

まとめのテスト❷

答え 12ページ

時間 20分　とく点 /100点

1 答えが 同じに なる かけ算の しきを, 線で むすびましょう。
また, □に 答えを 書きましょう。　　1つ10〔60点〕

① 3×4　・　・ 5×2＝ □

② 2×4　・　・ 2×3＝ □

③ 4×6　・　・ 2×6＝ □

④ 2×5　・　・ 4×2＝ □

⑤ 4×4　・　・ 3×8＝ □

⑥ 3×2　・　・ 2×8＝ □

2 高さが 5cmの つみ木を 4こ つみました。　❶10, ❷1つ15〔40点〕

❶ つみ木の 高さは, 1こ分の 高さの 何ばいですか。

(　　　)

❷ つみ木の 高さは 何cmですか。

しき □ × □ ＝ □

答え(　　　)

□5, 2, 3, 4のだんの 九九を まちがえずに いえるかな。
□何ばいの 計算を, かけ算で する ことが できるかな。

① 6のだんの 九九
きほんのワーク

答え 12ページ

やってみよう

☆ 6のだんの 九九を つくりましょう。

① 6×1 = ☐ 　 六一が 6

② 6×2 = ☐ 　 六二 12

③ 6×3 = ☐ 　 六三 18

④ 6×4 = ☐ 　 六四 24

⑤ 6×5 = ☐ 　 六五 30

⑥ 6×6 = ☐ 　 六六 36

⑦ 6×7 = ☐ 　 六七 42

⑧ 6×8 = ☐ 　 六八 48

⑨ 6×9 = ☐ 　 六九 54

たいせつ

6×9の しきで，6を かけられる数と いい，9を かける数と いいます。

$$6 \times 9 = 54$$
かけられる数　　　かける数

1 かけられる数と かける数を 入れかえても 答えは 同じです。
この ことを つかって 6のだんの 九九を たしかめましょう。

① 6×2 = 2×6 ⟶ 2×6 = ☐ だから，6×2 = ☐

② 6×3 = 3×6 ⟶ 3×6 = ☐ だから，6×3 = ☐

③ 6×4 = 4×6 ⟶ 4×6 = ☐ だから，6×4 = ☐

④ 6×5 = 5×6 ⟶ 5×6 = ☐ だから，6×5 = ☐

2 かけ算を しましょう。

① 6×3 　　② 6×5 　　③ 6×9

④ 6×1 　　⑤ 6×4 　　⑥ 6×6

⑦ 6×7 　　⑧ 6×2 　　⑨ 6×8

おうちのかたへ 6の段です。かけられる数とかける数を入れかえて計算しても，答えは同じになることを確かめてみましょう。

② 7のだんの 九九
きほんのワーク

答え 12ページ

☆ 7のだんの 九九を つくって います。

① 7×1 = ☐ ← 7が 1つ分

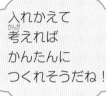
入れかえて 考えれば かんたんに つくれそうだね！

② 7×2 = ☐ ← 7×2=2×7
　2のだん

③ 7×3 = ☐ ← 7×3=3×7
　3のだん

▲ たいせつ

7のだんの 九九では, 答えは じゅんに 7ずつ ふえて いきます。

④ 7×4 = ☐ ← 7×4=4×7
　4のだん

1 7のだんの 九九を つくりましょう。

① 7×5 = ☐ ……7×5=5×7
　5のだん

② 7×6 = ☐ ……7×6=6×7
　6のだん

③ 7×7 = ☐ ……7×6の 答えより 7 大きい。

④ 7×8 = ☐ ……7×7の 答えより 7 大きい。

⑤ 7×9 = ☐ ……7×8の 答えより 7 大きい。

七一が 7
七二 14
七三 21
七四 28
七五 35
七六 42
七七 49
七八 56
七九 63

声に 出して おぼえよう！

2 かけ算を しましょう。

① 7×2 **②** 7×5 **③** 7×7

④ 7×4 **⑤** 7×1 **⑥** 7×9

⑦ 7×8 **⑧** 7×6 **⑨** 7×3

おうちのかたへ　7の段です。7の段は「し」「しち」などが 出てくるため，言いづらく，覚えにくいようです。
しっかり練習しましょう。

③ 8のだんの 九九
きほんのワーク

答え 13ページ

☆ 8のだんの 九九を くふうして つくります。

5のだんと 3のだんの 九九の 答えを たして つくって みよう！

		\multicolumn{9}{c}{かける数}
		1	2	3	4	5	6	7	8	9
5のだん	5	5	10	15	20	25	30	35		
3のだん	3	3	6	9	12	15	18	21		
8のだん	8	8 5+3	16 10+6	24 15+9	↓	↓	↓	↓	↓	↓

（かけられる数）

---

1 8×2から 8×6までの 答えを, 今までに おぼえた
九九を つかって たしかめましょう。

① 8×2＝2×8だから, 　　8×2＝ ☐

② 8×3＝3×☐ だから, 8×3＝ ☐

③ 8×4＝4×☐ だから, 8×4＝ ☐

④ 8×5＝5×☐ だから, 8×5＝ ☐

⑤ 8×6＝6×☐ だから, 8×6＝ ☐

ハーが 8
八二 16
八三 24
八四 32
八五 40
八六 48
八七 56
八八 64
八九 72
声に 出して
おぼえよう！

2 かけ算を しましょう。

① 8×2　　　　② 8×6　　　　③ 8×1

④ 8×3　　　　⑤ 8×7　　　　⑥ 8×4

⑦ 8×5　　　　⑧ 8×8　　　　⑨ 8×9

おうちのかたへ　8の段です。8の段の九九の答えは, 5の段の答えと3の段の答えをたしたものになって
います。

④ 9 のだんの 九九
きほんのワーク

答え 13ページ

☆ 9 のだんの 九九を くふうして つくります。

4 のだんと 5 のだんの 九九の 答えを
たして つくってみよう！

		1	2	3	4	5	6	7	8	9
						かける数				
4 のだん	4	4	8	12	16	20	24	28		
5 のだん	5	5	10	15	20	25				
9 のだん	9	9 4+5	18 8+10	27 12+15						

(かけられる数)

---

1 9×2から 9×8までの 答えを, 今までに おぼえた 九九を
つかって たしかめましょう。

① 9×2＝ □　2×9と おなじ 同じ

② 9×3＝ □　3×9と 同じ

③ 9×4＝ □　4×9と 同じ

④ 9×5＝ □　5×9と 同じ

⑤ 9×6＝ □　6×9と 同じ

⑥ 9×7＝ □　7×9と 同じ

⑦ 9×8＝ □　8×9と 同じ

くいち		く	し	さんじゅうろく	くしち	ろくじゅうさん
九一が	9	九四	36		九七	63

くに じゅうはち　九二 18　くご しじゅうご 九五 45　くは しちじゅうに 九八 72
くさん にじゅうしち　九三 27　くろく ごじゅうし 九六 54　くく はちじゅういち 九九 81

2 かけ算を しましょう。

① 9×8

② 9×4

③ 9×2

④ 9×5

⑤ 9×1

⑥ 9×7

⑦ 9×6

⑧ 9×9

⑨ 9×3

おうちのかたへ　9 の段です。4 の段の答えと 5 の段の答えをたすと 9 の段の答えになりますが, その他にも,
2 の段と 7 の段, 3 の段と 6 の段など, いくつかの組み合わせがあります。

⑤ 1のだんの 九九
きほんのワーク

答え　13ページ

☆ かけ算の しきに 書きましょう。

 の 4さら分　　しき　□ 1 □ × ○ ＝ □

 の 7つ分　　しき　□ × ○ ＝ □

いんいち		いん し		いんしち	
一一が	1 いち	一四が	4 し	一七が	7 しち
一二が	2 に	一五が	5 ご	一八が	8 はち
一三が	3 さん	一六が	6 ろく	一九が	9 く

1 かけ算の しきに 書きましょう。

①  の 6さら分　　しき　□ × ○ ＝ □

② の 3つ分　　しき　□ × ○ ＝ □

③  の 5本分　　しき　□ × ○ ＝ □

2 かけ算を しましょう。

① 1×6　　　　② 1×3　　　　③ 1×7

④ 1×1　　　　⑤ 1×4　　　　⑥ 1×2

⑦ 1×5　　　　⑧ 1×9　　　　⑨ 1×8

おうちのかたへ　最後は 1の段です。1の段が使われる場面を取り上げ，かけ算の意味を再確認します。
1の段は，かける数と答えが同じになります。

⑥ 九九の ひょうと きまり
きほんのワーク

答え 13ページ

☆ 九九の ひょうを 見て, □に あてはまる 数を 書きましょう。

❶ 3のだんの 九九では, かける数が 1 ふえると, 答えは □ ふえます。

❷ 6×8＝6×7＋□

たいせつ

かけ算では, かける数が 1 ふえると, 答えは かけられる数だけ ふえます。

	かける数								
	1	2	3	4	5	6	7	8	9
1のだん　1	1	2	3	4	5	6	7	8	9
2のだん　2	2	4	6	8	10	12	14	16	18
3のだん　3	3	6	9	12	15	18	21	24	27
4のだん　4	4	8	12	16	20	24	28	32	36
5のだん　5	5	10	15	20	25	30	35	40	45
6のだん　6	6	12	18	24	30	36	42	48	54
7のだん　7	7	14	21	28	35	42	49	56	63
8のだん　8	8	16	24	32	40	48	56	64	72
9のだん　9	9	18	27	36	45	54	63	72	81

（左側縦書き：かけられる数）

❶ 答えが つぎの 数に なる 九九を ぜんぶ 書きましょう。

❶ 12 （　　　　　　　）　　❷ 16 （　　　　　　　）

❸ 42 （　　　　　　　）　　❹ 49 （　　　　　　　）

❷ □に あてはまる 数を 書きましょう。

❶ 5×6＝6×□　　　❷ 7×4＝4×□

❸ 3×8＝3×7＋□　　❹ 6×9＝6×8＋□

❸ ひょうの あいて いる ところに あてはまる 数を 書きましょう。

10×2＝10＋10 だったね。

	かける数								
	1	2	3	4	5	6	7	8	9
かけられる数　10	10		30			60		80	
11	11	22		44					99

おうちのかたへ かけ算のきまりを学習します。表を見ながら考えましょう。
たとえば 11×3は, 2×3＋9×3や, 11＋11＋11 などで求めることができます。

まとめのテスト❶

べんきょうした 日　月　日

時間 20分

とく点 　／100点

答え 13ページ

1 よく出る かけ算を しましょう。

1つ5〔90点〕

① 6×8

② 7×5

③ 8×6

④ 9×3

⑤ 6×7

⑥ 8×5

⑦ 7×2

⑧ 1×1

⑨ 8×3

⑩ 6×5

⑪ 9×5

⑫ 7×6

⑬ 1×9

⑭ 8×9

⑮ 7×3

⑯ 6×3

⑰ 9×6

⑱ 9×7

すらすら できるかな。

2 答えが 36に なる カードに ○を つけましょう。

〔10点〕

9×3	8×4	7×5	6×6
(　)	(　)	(　)	(　)

7×6	9×4	6×5	8×3
(　)	(　)	(　)	(　)

72

□6, 7, 8, 9, 1のだんの 九九を ぜんぶ いえるかな。
□九九を つかって, もんだいを とく ことが できるかな。

まとめのテスト②

答え 13ページ

時間 **20**分

とく点 /100点

1 よく出る □に あてはまる 数を 書きましょう。　　1つ5〔30点〕

① 7×3=□×7

② 9×8=8×□

③ 6×5=□×6

④ 8×7=7×□

⑤ 3×9 は 3×8 より □ 大きい。

⑥ 6×6 は 6×7 より □ 小さい。

かけ算には いろいろな きまりが あるね。

2 答えが つぎの 数に なる 九九を ぜんぶ 書きましょう。　　1つ10〔40点〕

① 9 (　　　　　　　　　　　　　　　　　　)

② 18 (　　　　　　　　　　　　　　　　　　)

③ 24 (　　　　　　　　　　　　　　　　　　)

④ 54 (　　　　　　　　　　　　　　　　　　)

3 まん中の 数に まわりの 数を かけましょう。　　1つ15〔30点〕

①

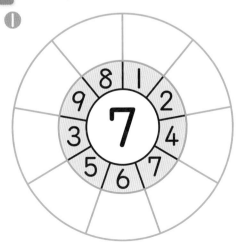

②

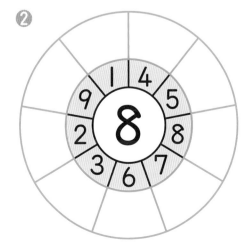

 □ かけ算の しきを 書く ことが できるかな。
□ かけ算の いろいろな きまりを 見つけられたかな。

① 長さの たんい
きほんのワーク

答え 14ページ

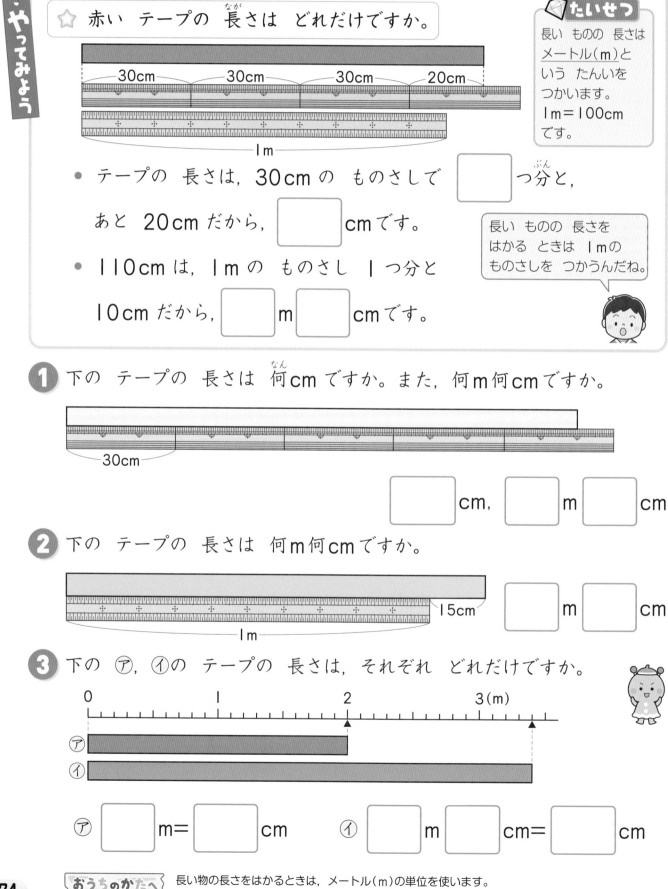

やってみよう

☆ 赤い テープの 長さは どれだけですか。

| 30cm | 30cm | 30cm | 20cm |

1m

たいせつ

長い ものの 長さは メートル（m）と いう たんいを つかいます。
1m＝100cm です。

- テープの 長さは，30cm の ものさしで ☐ つ分と，あと 20cm だから，☐ cmです。

長い ものの 長さを はかる ときは 1mの ものさしを つかうんだね。

- 110cm は，1m の ものさし 1つ分と 10cm だから，☐ m ☐ cmです。

1 下の テープの 長さは 何cm ですか。また，何m何cm ですか。

30cm

☐ cm, ☐ m ☐ cm

2 下の テープの 長さは 何m何cm ですか。

1m 　　15cm

☐ m ☐ cm

3 下の ⑦，④の テープの 長さは，それぞれ どれだけですか。

0　　　　1　　　　2　　　　3(m)

⑦
④

⑦ ☐ m＝ ☐ cm　　④ ☐ m ☐ cm＝ ☐ cm

おうちのかたへ　長い物の長さをはかるときは，メートル（m）の単位を使います。1m＝100cmの関係もしっかり押さえましょう。

4 □に あてはまる 数を 書きましょう。

① 1mの 2つ分の 長さは □m, 7つ分の 長さは □mです。

② 1mと 80cmを あわせると, □m□cmで, □cmです。

③ 209cmは □m□cmです。

> 209cmは 2mと 何cmに なるかな?

④ 1m75cmは □cmです。

5 □に あてはまる 数を 書きましょう。

① 700cm= □m

② 9m= □cm

③ 412cm= □m□cm

④ 3m5cm= □cm

⑤ 505cm= □m□cm

⑥ 6m56cm= □cm

6 さとるさんの りょう手を 広げた 長さは 136cmです。
この 長さは 何m何cmですか。

□m□cm

7 □に あてはまる 長さの たんいを 書きましょう。

① ノートの あつさ ………… 8 □

② えんぴつの 長さ ………… 16 □

③ ビルの 高さ ……………20 □

> これまでに ならった
> mm(ミリメートル)
> cm(センチメートル)
> m(メートル)の
> どれかだよ。

② 長さの 計算
きほんのワーク

答え 14ページ

☆ 2m50cmの テープに, 2mの テープを つなぎました。

――― 2m50cm ―――　――― 2m ―――

つないだ 長さは, 何m何cmに なりますか。

□ m □ cm ＋ □ m ＝ □ m □ cm

考え方

同じ たんいの 数どうしを たします。

m	cm
2	50
+2	
□	□

1 □に あてはまる 数を 書きましょう。

4m25cm＋3m15cmの 計算を します。

4m＋3m＝□ m　　　　25cm＋15cm＝□ cm

だから, 4m25cm＋3m15cm＝□ m □ cm

2 計算を しましょう。

❶ 35cm＋45cm＝□ cm

❷ 1m60cm＋1m＝□ m □ cm

❸ 2m90cm－80cm＝□ m □ cm

❹ 3m20cm＋2m40cm＝□ m □ cm

❺ 1m15cm＋6m35cm＝□ m □ cm

❻ 7m80cm－3m50cm＝□ m □ cm

❼ 6m65cm－6m24cm＝□ cm

たし算と ひき算が あるよ。

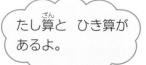

同じ たんいの 数どうしを 計算すれば いいね。

おうちのかたへ　長さのたし算やひき算は, cmとmmの計算と同様, 単位ごとに計算すればよいことを理解しましょう。

3 下の ⑦, ⑦の テープに ついて 答えましょう。

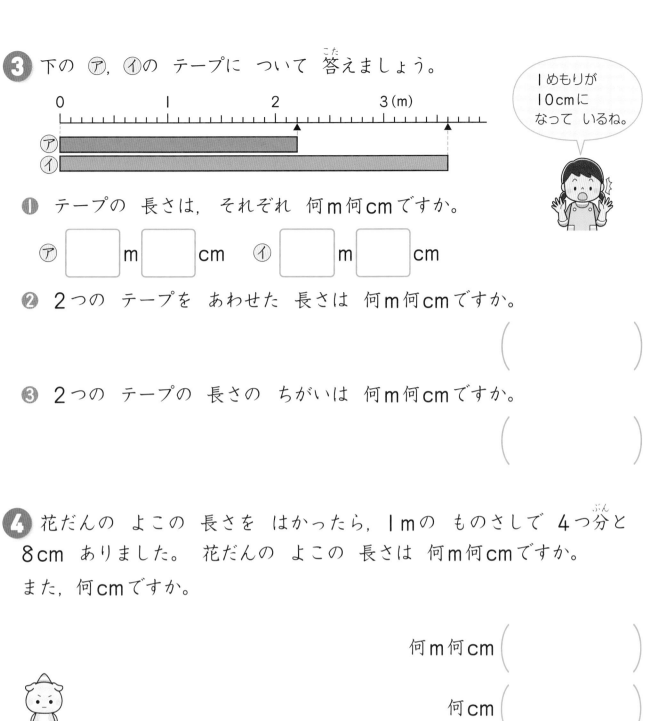

ふきだし: 1めもりが 10cmに なって いるね。

❶ テープの 長さは, それぞれ 何m何cmですか。

⑦ [　] m [　] cm　⑦ [　] m [　] cm

❷ 2つの テープを あわせた 長さは 何m何cmですか。

(　　　　　　　)

❸ 2つの テープの 長さの ちがいは 何m何cmですか。

(　　　　　　　)

4 花だんの よこの 長さを はかったら, 1mの ものさしで 4つ分と 8cm ありました。 花だんの よこの 長さは 何m何cmですか。 また, 何cmですか。

何m何cm (　　　　　　　)

何cm (　　　　　　　)

5 右の 絵を 見て 答えましょう。
❶ たくまさんが 台に のると 高さは 何m何cmに なりますか。

(　　　　　　　)

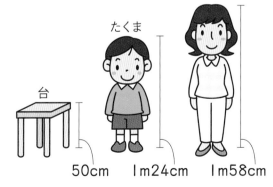

❷ お母さんと たくまさんの しん長の ちがいは 何cmですか。

(　　　　　　　)

 まとめのテスト❶

答え 14ページ

時間 20分

とく点 /100点

1 □に あてはまる 数を 書きましょう。　1つ7〔28点〕

❶ 1m は, 1cm を □ こ あつめた 長さです。

❷ 1m より 20cm 長い 長さは □ cm です。

❸ 1m より 20cm みじかい 長さは □ cm です。

❹ 1m の ものさしで 6つ分の 長さは □ m です。

2 よく出る □に あてはまる 数を 書きましょう。　1つ6〔24点〕

❶ 7m= □ cm

❷ 1m80cm= □ cm

❸ 305cm= □ m □ cm

❹ 500cm= □ m

3 つぎの 長さを 書きましょう。　1つ8〔24点〕

❶ 1m の ものさしで 7つ分の 長さ（　　　　　）

❷ 1m の ものさしで 5つ分と, あと 20cm の 長さ（　　　　　）

❸ 1m の ものさしより 30cm みじかい 長さ（　　　　　）

4 □に あてはまる 長さの たんいを 書きましょう。　1つ6〔24点〕

❶ ノートの たての 長さ …27 □

❷ きょうしつの よこの 長さ …8 □

❸ ろうかの はば …3 □

❹ きょうかしょの あつさ …5 □

 チェック ☑ □mと cmの かんけいが わかったかな。
□mや cmで, 長さを あらわす ことが できるかな。

まとめのテスト❷

時間 20分

とく点 ／100点

答え 14ページ

1 よく出る 長い ほうの 長さを 書きましょう。　1つ7〔28点〕

❶ 3m4cm, 34cm

（　　　　　）

❷ 4m, 405cm

（　　　　　）

❸ 8m3cm, 830cm

（　　　　　）

❹ 2m60cm, 206cm

（　　　　　）

2 プールの よこの 長さを はかったら, 1mの ものさしで ちょうど 9つ分でした。　1つ7〔14点〕

❶ プールの よこの 長さは 何mですか。

（　　　　　）

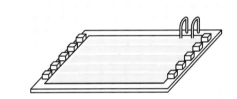

❷ プールの よこの 長さは 何cmですか。

（　　　　　）

3 あやさんの しん長は 1mの ものさし 1つ分と あと 26cmです。あやさんの しん長は 何m何cmですか。　〔8点〕

（　　　　　）

4 10mの ひもから 3m 切りとると, のこりは 何mに なりますか。

〔8点〕

（　　　　　）

5 計算を しましょう。　1つ7〔42点〕

❶ 3m50cm＋2m

❷ 4m8cm－3m

❸ 1m27cm＋36cm

❹ 1m34cm－9cm

チャレンジ！❺ 2m65cm＋1m75cm

チャレンジ！❻ 5m45cm－2m80cm

□ 長さを くらべる ことが できるかな。
□ 長さの 計算を まちがえずに できるかな。

① 数の あらわし方 (1)
きほんのワーク

答え 14ページ

☆ □に あてはまる 数を 書きましょう。

千のくらい	百のくらい	十のくらい	一のくらい
			1
	100		1
	100	10	1
1000	100	10	1
1000	100	10	1

たいせつ

千を 2こ あつめた 数を 二千と いいます。二千と 四百三十五を あわせた 数を, 二千四百三十五と いいます。

❶ 二千四百三十五を 数字で 書くと, □ です。

❷ 2435 の 千のくらいの 数字は □ です。

1 つぎの 数を 数字で 書きましょう。

❶

			1
1000			1
1000		10	1
1000	100	10	1

( )

❷

			1
1000			1
1000	100		1
1000	100		1 1
1000	100	10	1 1

( )

2 5418 に ついて 答えましょう。

❶ 千のくらいの 数字は 何ですか。 ( )

❷ 一のくらいの 数字は 何ですか。 ( )

❸ 1は 何のくらいの 数字ですか。 ( )

おうちのかたへ 10000までの数を学習します。大きな数を 1つずつ数えることは難しいので、1000のまとまりや 100のまとまりを使って考えていきます。

② 数の あらわし方（2）
きほんのワーク

答え 14ページ

☆ いくつですか。
　数字で 書きましょう。

千のくらい	百のくらい	十のくらい	一のくらい
1000 1000 1000		10 10 10 10	1 1 1 1 1 1

考え方
3…千のくらい
0…百のくらい
4…十のくらい
6…一のくらい

❶ 三千四十六を 数字で 書くと，[　　　] です。

❷ 3046 の 千のくらいの 数字は [　]，

百のくらいの 数字は [　] です。

百のくらいには 何も ないので 0を 書こう。

1 いくつですか。数字で 書きましょう。

❶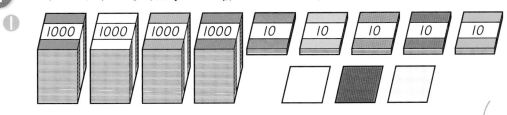

（　　　　　）

❷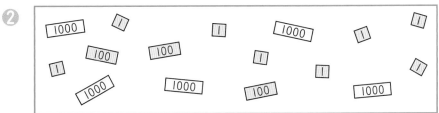

（　　　　　）

2 7360 は 7000 と 300 と 60 を あわせた 数です。この ことを しきに あらわしましょう。

7360 = [　　] + [　　] + [　　]

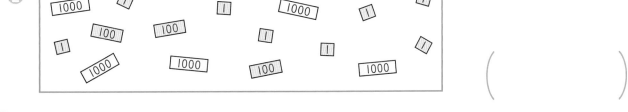

おうちのかたへ　4けたの数で，空位（0）がある場合は，ミスをしやすいので注意しましょう。3046は「三千四十六」と百が入らないので，346と書いてしまうことが多くあります。

③ 100を あつめた 数
きほんのワーク

答え  14ページ

☆ 100を 16こ あつめた 数は いくつですか。

| 100 | 100 | 100 | 100 | 100 | 100 | 100 | 100 | 100 | 100 |
| 100 | 100 | 100 | 100 | 100 | 100 |

たいせつ
100を 10こ あつめた 数は 1000です。

100が 16こ
100が 10こ → ☐
100が 6こ → ☐
→ ☐

1 ☐に あてはまる 数を 書きましょう。

① 100が 18こ
100が 10こ → ☐
100が 8こ → ☐
→ ☐

② 100が 25こ
100が 20こ → ☐
100が 5こ → ☐
→ ☐

③ 100が 43こ
100が 40こ → ☐
100が 3こ → ☐
→ ☐

④ 100が 71こ
100が 70こ → ☐
100が 1こ → ☐
→ ☐

おうちのかたへ 100のまとまりで 4けたの数を考えることを学習します。
100を 10こ集めると 1000であることをベースにして，考えていきます。

2 □に あてはまる 数を 書きましょう。

① 1200
1000 ➡ 100が [ ]こ
200 ➡ 100が [ ]こ
100が [ ]こ

② 3700
3000 ➡ 100が [ ]こ
700 ➡ 100が [ ]こ
100が [ ]こ

③ 5400
5000 ➡ 100が [ ]こ
400 ➡ 100が [ ]こ
100が [ ]こ

3 つぎの 数を 書きましょう。

① 100を 23こ あつめた 数

( )

② 100を 36こ あつめた 数

( )

③ 100を 52こ あつめた 数

( )

④ 100を 80こ あつめた 数

( )

4 □に あてはまる 数を 書きましょう。

① 1900は 100を [ ]こ あつめた 数です。

② 4800は 100を [ ]こ あつめた 数です。

③ 6300は 100を [ ]こ あつめた 数です。

④ 7000は 100を [ ]こ あつめた 数です。

1000は 100が
10こだね。
100が 10こで
1000だよ。

83

④ 一万

きほんのワーク

答え 15ページ

☆ 10000に ついて しらべましょう。

| 1000 | 1000 | 1000 | 1000 | 1000 | 1000 | 1000 | 1000 | 1000 | 1000 |

❶ 千を 10こ あつめた 数を 一万と いい， 10000 と 書きます。

❷ 9000は あと □ で 10000 に なります。

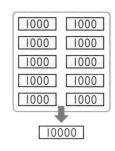

◆ たいせつ
1000が 10こで 10000に なります。

1 つぎの もんだいに 答えましょう。

❶ 10000 より 1 小さい 数は いくつですか。 （ 　　 ）

❷ 10000 より 100 小さい 数は いくつですか。 （ 　　 ）

❸ 10000 は，1000 を 何こ あつめた 数ですか。 （ 　　 ）

2 □に あてはまる 数を 書きましょう。

❶ 10000 は，9999 より □ 大きい 数です。

❷ 10000 は，100 を □ こ あつめた 数です。

数の線の
1めもりは
いくつかな？

❸

| □ | | □ | |
9990 　 9995 　 10000

おうちのかたへ　10000について学習します。10000は1000を10こ集めた数です。
同時に100を100こ集めた数でもあります。

⑤ 数の線と 数の 大小
きほんのワーク

答え 15ページ

やってみよう

☆ ❶〜❹に あてはまる 数を 書きましょう。

4500 4600 ❶ 4800 4900 5000 5100 5200 ❷ 5400 5500

❶ [　　　　　]　　　❷ [　　　　　]

0　1000　2000　3000　4000 ❸ 6000 7000 ❹ 9000 10000

❸ [　　　　　]　　　❹ [　　　　　]

考え方
上の 数の線は、
1めもりが 100に
なって います。
下の 数の線は、
1めもりが 1000に
なって います。

1 下の 数の線で、あ〜けに あてはまる 数を 書きましょう。

① 0　あ　2000　3000　い　5000　う　7000

あ (　　　　)　　い (　　　　)　　う (　　　　)

② 6950 6960 え 6980 6990 お 7010 7020 7030 7040 か 7060 7070

え (　　　　)　　お (　　　　)　　か (　　　　)

③ 9000　9100　き　9300　9400　9500　く　9700　9800　け　10000

き (　　　　)　　く (　　　　)　　け (　　　　)

2 □に あてはまる ＞，＜を 書きましょう。

① 5000 □ 4980　　② 9001 □ 9100

③ 8507 □ 8534　　④ 9999 □ 10000

⑥ 何百の たし算
きほんのワーク

答え  15ページ

やってみよう

☆ 色紙は，ぜんぶで 何まい ありますか。

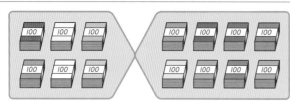

しき 600＋800＝□

考え方 💡
100が いくつ分に なるかを 考えます。

答え □ まい

---

① 計算を しましょう。

① 700＋600

② 300＋900

③ 800＋500

④ 900＋600

⑤ 300＋800

⑥ 700＋900

⑦ 200＋900

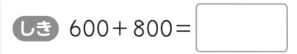

⑧ 600＋600

⑨ 900＋900

⑩ 700＋500

⑪ 400＋700

⑫ 400＋800

⑬ 700＋700

⑭ 800＋700

⑮ 900＋800

⑯ 500＋600

おうちのかたへ （何百）＋（何百）＝（千何百）のたし算を学習します。
100をまとまりと考えれば，これまで学習してきたことがそのまま使えます。

⑦ 何百の ひき算
きほんのワーク

答え 15ページ

答え 15ページ

☆ のこりの 色紙は，何まいですか。

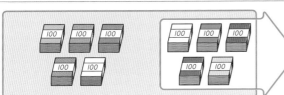 

しき 1000 − 500 = [　　]

考え方
100が いくつ分に なるかを 考えます。

答え [　　] まい

1 計算を しましょう。

① 1000 − 700

② 1000 − 200

③ 1000 − 100

④ 1000 − 800

⑤ 1000 − 600

⑥ 1000 − 400

⑦ 1000 − 300

⑧ 1000 − 900

チャレンジ! ⑨ 1800 − 900

チャレンジ! ⑩ 1100 − 200

チャレンジ! ⑪ 1200 − 800

チャレンジ! ⑫ 1100 − 600

チャレンジ! ⑬ 1300 − 400

チャレンジ! ⑭ 1600 − 800

チャレンジ! ⑮ 1500 − 700

チャレンジ! ⑯ 1200 − 700

おうちのかたへ 今度は（千何百）−（何百）＝（何百）のひき算です。
100のまとまりで考えることは，たし算のときと同じです。

べんきょうした 日 ▷ 　月　　日

まとめのテスト❶

時間 **20** 分

とく点 ／100点

答え 15ページ

1 よく出る つぎの 数を 数字で 書きましょう。 1つ5〔20点〕

❶

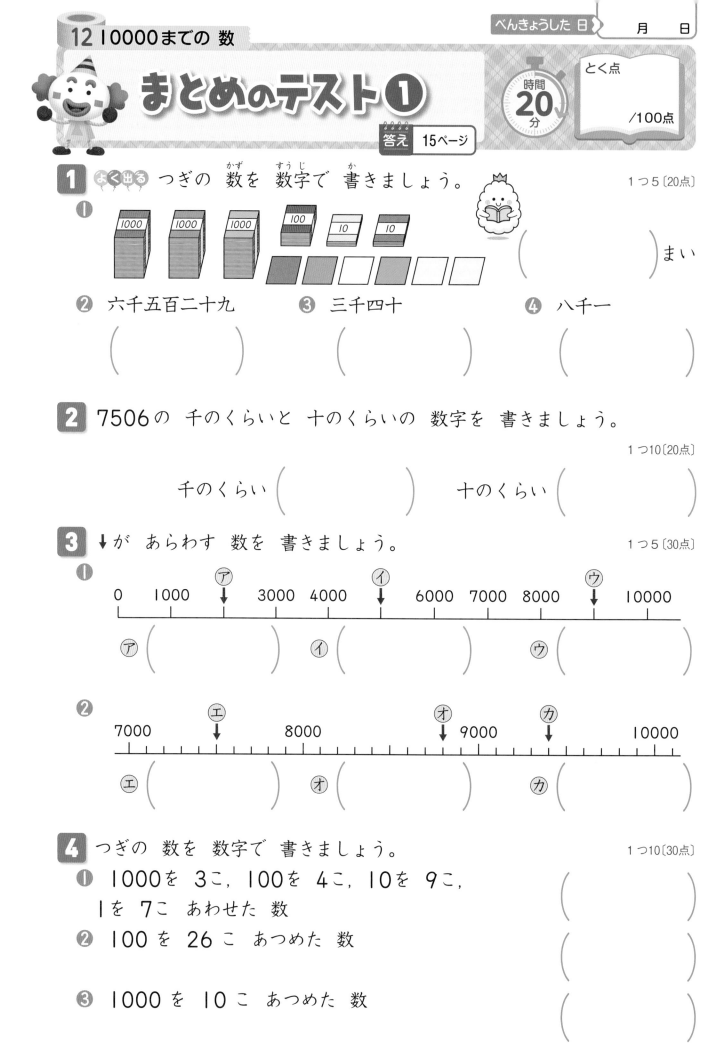

（　　　　　）まい

❷ 六千五百二十九 　　　❸ 三千四十 　　　❹ 八千一

（　　　　　）　　（　　　　　）　　（　　　　　）

2 7506の 千のくらいと 十のくらいの 数字を 書きましょう。 1つ10〔20点〕

千のくらい（　　　　　）　　十のくらい（　　　　　）

3 ↓が あらわす 数を 書きましょう。 1つ5〔30点〕

❶

0　1000　　3000　4000　　6000　7000　8000　　10000

ア（　　　　　）　　イ（　　　　　）　　ウ（　　　　　）

❷

7000　　　　8000　　　9000　　　　10000

エ（　　　　　）　　オ（　　　　　）　　カ（　　　　　）

4 つぎの 数を 数字で 書きましょう。 1つ10〔30点〕

❶ 1000を 3こ, 100を 4こ, 10を 9こ,
1を 7こ あわせた 数 （　　　　　）

❷ 100を 26こ あつめた 数 （　　　　　）

❸ 1000を 10こ あつめた 数 （　　　　　）

チェック✔
□1000より 大きい 数の しくみが わかったかな。
□数の線を よむ ことが できるかな。

まとめのテスト❷

時間 **20** 分

とく点 ／100点

答え 15ページ

1  □に あてはまる ＞, ＜を 書きましょう。 1つ4〔24点〕

❶ 3000 □ 2965

❷ 4001 □ 4100

❸ 8509 □ 8531

❹ 5269 □ 5263

❺ 6040 □ 6300

❻ 9989 □ 10000

2 計算を しましょう。 1つ5〔40点〕

❶ 500＋900

❷ 600＋700

❸ 800＋800

❹ 400＋900

❺ 1000－800

❻ 1000－900

チャレンジ! ❼ 1400－600

まちがいが ないか みなおしを しようね！

チャレンジ! ❽ 1200－500

3 しきに あらわしましょう。 1つ6〔36点〕

❶ 4320は, 4000と 300と 20を あわせた 数です。

4320＝ □ ＋ □ ＋ □

❷ 6507 は, 6000 と 500 と 7 を あわせた 数です。

6507＝ □ ＋ □ ＋ □

 □1000より 大きい 数の 大きさを くらべられるかな。
□何百の たし算や ひき算が できるかな。

① 分数 (1)
きほんのワーク

答え 15ページ

☆ もとの 大きさの $\frac{1}{2}$ や $\frac{1}{3}$ は どれですか。

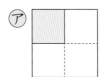 ㋐ 　 ㋑ 　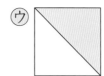 ㋒ 　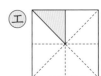 ㋓

もとの 大きさ

たいせつ

同じ 大きさに 2つに 分けた 1つ分を, もとの 大きさの **二分の一**と いい, $\frac{1}{2}$と 書きます。

$\frac{1}{2}$ や $\frac{1}{3}$ の ような 数を, **分数** と いうよ。

$\frac{1}{2}$ [　]　$\frac{1}{3}$ [　]

1 やってみよう の ㋐と ㋓は, もとの 大きさの 何分の一ですか。

㋐ (　　　　　)　　㋓ (　　　　　)

2 $\frac{1}{4}$ に ついて 答えましょう。

❶ もとの 大きさを, 同じ 大きさに いくつに 分けた 1つ分ですか。

(　　　　　)

❷ もとの 大きさの $\frac{1}{4}$ を いくつ あつめると, もとの 大きさに なりますか。

(　　　　　)

3 もとの 大きさの $\frac{1}{2}$ だけ 色を ぬりましょう。

❶ 　　　　　　❷ 　　　　　　❸

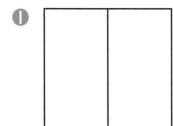 簡単な分数$\frac{1}{2}$, $\frac{1}{3}$, $\frac{1}{4}$, $\frac{1}{8}$について学習します。折り紙や紙テープなどを使って, 実際にこれらの大きさの形を作ってみるとよいでしょう。

② 分数(2)
きほんのワーク

答え 16ページ

やってみよう

☆ 6この いちごを 同じ 数ずつ 3つに 分けます。
1つ分の 数は, もとの 数の 何分の一で, 何こに なりますか。

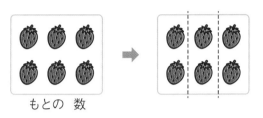

もとの 数

同じ 数ずつに 分けた 1つ分の いちごの 数は, 6この ──で □こです。

❶ 12この おはじきを 同じ 数ずつ 分けます。

① 同じ 数ずつ 2つに 分けると, 1つ分の 数は 何こに なりますか。

（　　　　　　）

② 同じ 数ずつ 3つに 分けると, 1つ分の 数は 何こに なりますか。

（　　　　　　）

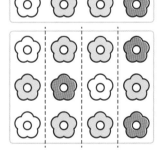

③ 同じ 数ずつ 4つに 分けると, 1つ分の 数は もとの 数の 何分の一で, 何こに なりますか。

何分の一（　　　　　　）　　何こ（　　　　　　）

❷ 8cmの テープを $\frac{1}{2}$に した 長さは, 何cmですか。

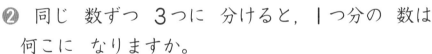

もとの 長さ

8cm

（　　　　　　）

おうちのかたへ　$\frac{1}{2}$, $\frac{1}{3}$, $\frac{1}{4}$にした数や長さを求めます。数であれば, ❶の図のように線で区切って分けてみると理解しやすいでしょう。

まとめのテスト①

時間 20分

答え 16ページ

とく点

/100点

1 正方形の 紙を おって 切りました。切った 1つ分の 大きさが もとの 大きさの $\frac{1}{4}$ に なって いるのは どれですか。

1つ15〔30点〕

もとの 大きさ

ア

イ

ウ

エ

オ

( ) ( )

2 よく出る もとの 大きさの $\frac{1}{2}$ だけ 色を ぬりましょう。

1つ10〔30点〕

①

②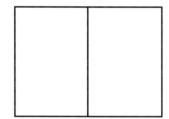

③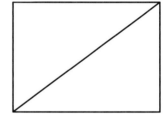

3 色の ついた ところは, もとの 大きさの 何分の一ですか。

〔10点〕

( )

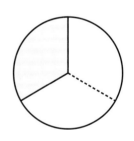

4 18この ブロックを 同じ 数ずつ 分けます。

① 同じ 数ずつ 2つに 分けると, 1つ分の 数は 何こに なりますか。

1つ15〔30点〕

( )

② 同じ 数ずつ 3つに 分けると, 1つ分の 数は 何こに なりますか。

( )

92

☐ 同じ 大きさに 分けた 1つ分を, 分数で あらわせるかな。
☐ 同じ 数ずつに 分ける ことが できるかな。

まとめのテスト❷

時間 **20** 分

とく点 /100点

答え **16ページ**

1 もとの 大きさの $\frac{1}{4}$ だけ 色を ぬりましょう。 1つ10〔30点〕

❶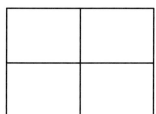

❷

❸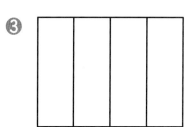

2 色の ついた ところは もとの 大きさの 何分の一ですか。 1つ10〔30点〕

❶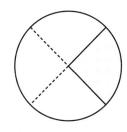

❷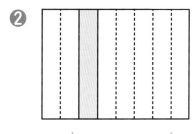

❸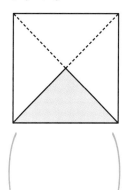

( ) ( ) ( )

3 ㋐と ㋑の テープの 長さを くらべます。 1つ15〔30点〕

❶ ㋑の テープの 長さは, ㋐の テープの 長さの 何ばいですか。

( )

❷ ㋐の テープの 長さは, ㋑の テープの 長さの 何分の一ですか。

( )

4 $\frac{1}{8}$ の 大きさを 何ばいすると, もとの 大きさに なりますか。 〔10点〕

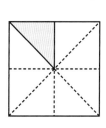

( )

 □ 分数の しくみや あらわし方が わかったかな。
□ 分数と ばいの かんけいが わかったかな。

93

まとめのテスト❶

時間 **20** 分

答え 16ページ

とく点

/100点

1 □に あてはまる ＞, ＜, ＝を 書きましょう。　　　1つ5〔30点〕

① 269 □ 308

② 504 □ 501

③ 80 □ 100－30

④ 700 □ 750－50

⑤ 10000 □ 9998

⑥ 6789 □ 6879

2 よく出る 計算を しましょう。　　　1つ4〔56点〕

① 18＋4

② 25－7

③ 90＋30

④ 80＋60

⑤ 120－60

⑥ 180－90

⑦ 400＋300

⑧ 700－200

⑨ 500＋800

⑩ 1000－400

⑪ 700＋50

⑫ 350－50

⑬ 800＋8

⑭ 407－7

3 くふうして 計算しましょう。　　　1つ7〔14点〕

① 9＋16＋4

② 35＋8＋5

チェック ✔
□数の 大きさを くらべられるかな。
□くふうして 計算が できるかな。

まとめのテスト❷

答え 16ページ

時間 20分

とく点 /100点

1 よく出る たし算を しましょう。　　　　　　　　　　　1つ4〔40点〕

①
```
  23
+ 34
```

②
```
  15
+ 82
```

③
```
  37
+ 26
```

④
```
  64
+  8
```

⑤
```
  40
+ 63
```

⑥
```
  36
+ 89
```

⑦
```
  25
+ 75
```

⑧
```
   3
+ 98
```

⑨
```
  724
+  54
```

⑩
```
   63
+ 428
```

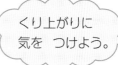 くり上がりに 気を つけよう。

2 よく出る ひき算を しましょう。　　　　　　　　　　　1つ4〔40点〕

①
```
  69
- 23
```

②
```
  74
- 58
```

③
```
  143
-  61
```

④
```
  124
-  29
```

⑤
```
  114
-  38
```

⑥
```
  136
-  59
```

⑦
```
  104
-  37
```

⑧
```
  100
-   4
```

⑨
```
  736
-  25
```

⑩
```
  491
-  83
```

 くり下がりに ちゅういしよう。

3 計算を しましょう。　　　　　　　　　　　1つ5〔20点〕

① 4L+3L

② 2L5dL+1L

③ 7dL−2dL

④ 6L8dL−2L5dL

 □ たし算や ひき算の ひっ算が できるかな。
□ かさの 計算を まちがえずに できるかな。

95

まとめのテスト❸

答え 16ページ

時間 20分

とく点 /100点

1 よく出る かけ算を しましょう。 1つ4〔64点〕

① 3×7

② 7×7

③ 9×6

④ 6×4

⑤ 8×9

⑥ 4×8

⑦ 7×8

⑧ 5×6

⑨ 6×9

⑩ 5×9

⑪ 9×8

⑫ 8×7

⑬ 4×5

⑭ 2×6

まちがえた 計算は
かならず
やりなおして おこう。

⑮ 1×1

⑯ 9×3

2 □に あてはまる 数を 書きましょう。 1つ5〔20点〕

① 9999より 1 大きい 数は □ です。

② 1000を 4こ, 100を 7こ あわせた 数は □ です。

③ 10000は, 100を □ こ あつめた 数です。

④ 100を 49こ あつめた 数は □ です。

3 計算を しましょう。 1つ4〔16点〕

① 14cm+8cm

② 1m62cm−8cm

③ 1m35cm+2m5cm

④ 6cm2mm−4cm1mm

☑ □九九を まちがえずに ぜんぶ いえるかな。
□長さの 計算が できるかな。

教科書ワーク
答えとてびき

「答えとてびき」は、とりはずすことができます。

全教科書対応

数と計算 2年

1 ひょうと グラフ

2 ページ きほんのワーク

☆ どうぶつしらべ

		○	
	○	○	
○	○	○	
○	○	○	○
う さ ぎ	り す	さ る	ぞ う

❶ ① くだものの 数

名前	バナナ	いちご	みかん	りんご	パイナップル
数	5	6	3	4	1

② くだものの 数

	○			
○	○		○	
○	○		○	
○	○	○	○	
○	○	○	○	○
バナナ	いちご	みかん	りんご	パイナップル

❷ ① えんぴつ ② 2つ

3 ページ まとめのテスト

1 おかしの 数

名前	ケーキ	せんべい	ガム	ドーナツ	あめ
数	4	7	2	3	6

おかしの 数

	○			
	○			○
	○			○
○	○		○	○
○	○		○	○
○	○	○	○	○
○	○	○	○	○
ケーキ	せんべい	ガム	ドーナツ	あめ

2 ① あげパン
② やきそば
③ 4人
④ 4人
⑤ 5人

2 時こくと 時間

4 ページ きほんのワーク

☆ ❶ 6時40分 ❷ 15分
① ❶ 20分 ❷ 15分
② 18分

てびき 子供にとって,「時刻」は聞き慣れない言葉です。日常生活の中で,「今のは時刻だね」というように,時刻と時間の違いを意識するとよいでしょう。
① ❷のような問題で,(2けた)−(2けた)の計算を学習済みの場合は,30−15＝15だから,15分と考えることもできます。

5 ページ きほんのワーク

☆ 1時間,または,60分
① 1時間,60分
② ❶ 6時 ❷ 8時 ❸ 2時間

たしかめよう!
1時間＝60分です。

6 ページ きほんのワーク

☆ ❶ 4時 ❷ 5時30分
① ❶ 8時15分 ❷ 10時15分
　❸ 9時45分 ❹ 9時 ❺ 10時
② ❶ 70分＝1時間10分
　❷ 1時間30分＝90分

てびき ② ❶ 70分は60分と10分を合わせた時間なので1時間10分です。1時間＝60分をしっかり覚えましょう。

7 ページ きほんのワーク

☆ ❶ 午前は 12時間,午後は 12時間
　❷ 1日＝24時間
① ❶ 午前6時30分
　❷ 午後3時45分
　❸ 午後9時7分
② 2時間

てびき 正午は昼の12時,正午より前が午前,正午より後が午後であることを確認し,正しく使い分けられるようにしましょう。

たしかめよう!
1日＝24時間です。

8 ページ きほんのワーク

☆ 午前9時,3時間,3時間,6時間
① ❶ 午後5時 ❷ 2時間 ❸ 7時間

てびき 時刻を「午前10時」「午後5時」のように午前,午後をつけて言えるようになったら,正午をまたいだ時間を考えてみましょう。
① のように,「午前10時から正午までは2時間。正午から午後5時までは5時間だから,2時間と5時間で7時間」と考えるとよいでしょう。
「夜9時に寝て,朝6時に起きました。何時間寝ましたか。」のような,日付をまたいだ時間を考える問題もあります。この場合も,午後12時(午前0時)で一旦区切り,「午後9時から午後12時までは3時間。午前0時から午前6時までは6時間だから,3時間と6時間で9時間」のように考えます。

9 ページ まとめのテスト

1 ❶ 1時30分(1時半) ❷ 11時25分
　❸ 5時53分 ❹ 7時19分
2 ❶ 1日＝24時間 ❷ 1時間＝60分
　❸ 80分＝1時間20分
　❹ 1時間40分＝100分
3 ❶ 8時40分 ❷ 9時10分 ❸ 20分
4 朝　おきた…午前6時20分
　夜　本を　読みはじめた…午後7時20分

てびき 1 ❸ 長針の読み間違いが多い問題です。50分から小さい目もり3つ分進んでいるから「53分」と考えると,わかりやすいでしょう。

3 2けたの たし算と ひき算

10・11 ページ きほんのワーク

☆ 47
①
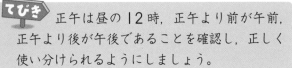
❶ 52 ＋24 76　❷ 37 ＋41 78　❸ 40 ＋20 60　❹ 21 ＋5 26

❷
① 32 + 16 = 48　② 54 + 25 = 79　③ 40 + 27 = 67　④ 6 + 62 = 68
⑤ 6 + 32 = 38　⑥ 30 + 4 = 34　⑦ 50 + 34 = 84　⑧ 3 + 31 = 34

❸
① 27 + 31 = 58　② 13 + 55 = 68　③ 46 + 23 = 69　④ 10 + 76 = 86
⑤ 32 + 45 = 77　⑥ 21 + 16 = 37　⑦ 22 + 43 = 65　⑧ 65 + 34 = 99
⑨ 15 + 74 = 89　⑩ 92 + 4 = 96　⑪ 14 + 41 = 55　⑫ 8 + 90 = 98
⑬ 60 + 20 = 80　⑭ 57 + 12 = 69　⑮ 36 + 42 = 78　⑯ 82 + 2 = 84
⑰ 42 + 56 = 98　⑱ 13 + 43 = 56　⑲ 25 + 63 = 88　⑳ 31 + 48 = 79
㉑ 7 + 82 = 89　㉒ 30 + 29 = 59　㉓ 53 + 33 = 86　㉔ 72 + 26 = 98

☞ たしかめよう!
ひっ算では，くらいを　たてに　そろえて　書こう。

📖 12・13 ページ　きほんのワーク

☆ 65

❶
① 34 + 57 = 91　② 28 + 19 = 47　③ 21 + 39 = 60　④ 69 + 4 = 73

❷
① 18 + 45 = 63　② 36 + 24 = 60　③ 7 + 68 = 75　④ 5 + 75 = 80
⑤ 46 + 35 = 81　⑥ 58 + 29 = 87　⑦ 14 + 26 = 40　⑧ 47 + 3 = 50

❸
① 37 + 27 = 64　② 73 + 8 = 81　③ 16 + 36 = 52　④ 69 + 25 = 94
⑤ 19 + 33 = 52　⑥ 31 + 29 = 60　⑦ 55 + 18 = 73　⑧ 8 + 79 = 87
⑨ 36 + 49 = 85　⑩ 52 + 18 = 70　⑪ 29 + 47 = 76　⑫ 19 + 72 = 91

---

⑬ 6 + 69 = 75　⑭ 25 + 36 = 61　⑮ 51 + 19 = 70　⑯ 48 + 48 = 96
⑰ 23 + 37 = 60　⑱ 46 + 29 = 75　⑲ 78 + 2 = 80　⑳ 49 + 19 = 68
㉑ 26 + 58 = 84　㉒ 37 + 15 = 52　㉓ 18 + 27 = 45　㉔ 2 + 38 = 40

🚩 てびき
くり上がりやくり下がりのある筆算は，2年生でもっともつまずきの多いところです。くり上がりの補助数字1を小さく書いて，計算ミスを防ぐようにしましょう。

📖 14・15 ページ　きほんのワーク

☆ 25

❶
① 37 − 12 = 25　② 68 − 23 = 45　③ 85 − 41 = 44　④ 76 − 14 = 62

❷
① 98 − 75 = 23　② 68 − 24 = 44　③ 53 − 30 = 23　④ 94 − 54 = 40
⑤ 60 − 20 = 40　⑥ 86 − 82 = 4　⑦ 95 − 3 = 92　⑧ 56 − 6 = 50

❸
① 47 − 21 = 26　② 36 − 24 = 12　③ 96 − 55 = 41　④ 39 − 14 = 25
⑤ 83 − 42 = 41　⑥ 70 − 50 = 20　⑦ 64 − 4 = 60　⑧ 88 − 7 = 81
⑨ 38 − 26 = 12　⑩ 59 − 13 = 46　⑪ 92 − 40 = 52　⑫ 75 − 63 = 12
⑬ 63 − 53 = 10　⑭ 29 − 5 = 24　⑮ 85 − 13 = 72　⑯ 97 − 32 = 65
⑰ 56 − 20 = 36　⑱ 64 − 61 = 3　⑲ 78 − 43 = 35　⑳ 66 − 3 = 63
㉑ 54 − 32 = 22　㉒ 58 − 8 = 50　㉓ 89 − 76 = 13　㉔ 77 − 23 = 54

🚩 てびき
ひき算の筆算も，たし算の筆算と同じように，位をそろえて書き，一の位から計算していきます。

☆36

① ① 45 −19 = 26　② 63 −28 = 35　③ 72 −35 = 37　④ 94 −56 = 38

② ① 63 −27 = 36　② 70 −55 = 15　③ 44 −6 = 38　④ 80 −9 = 71
⑤ 80 −32 = 48　⑥ 47 −38 = 9　⑦ 66 −9 = 57　⑧ 50 −3 = 47

③ ① 42 −18 = 24　② 64 −37 = 27　③ 91 −83 = 8　④ 35 −9 = 26
⑤ 31 −2 = 29　⑥ 20 −8 = 12　⑦ 73 −56 = 17　⑧ 60 −24 = 36
⑨ 72 −24 = 48　⑩ 81 −35 = 46　⑪ 52 −7 = 45　⑫ 62 −36 = 26
⑬ 40 −16 = 24　⑭ 93 −78 = 15　⑮ 46 −39 = 7　⑯ 74 −47 = 27
⑰ 85 −36 = 49　⑱ 46 −18 = 28　⑲ 50 −47 = 3　⑳ 67 −8 = 59
㉑ 33 −4 = 29　㉒ 24 −19 = 5　㉓ 61 −56 = 5　㉔ 94 −55 = 39

てびき　くり下げたとき，十の位を１小さくした数字をその上に書いておくと，くり下げたことを忘れずに計算できます。

18ページ まとめのテスト①

1
① 36 +23 = 59　② 5 +35 = 40　③ 79 +16 = 95　④ 23 +57 = 80
⑤ 36 −5 = 31　⑥ 89 −9 = 80　⑦ 80 −67 = 13　⑧ 57 −49 = 8

2
① 28 +27 = 55　② 87 +9 = 96　③ 37 −19 = 18　④ 70 −7 = 63

3
① ひっ算 49 +26 = 75　たしかめ 26 +49 = 75　② ひっ算 7 +63 = 70　たしかめ 63 +7 = 70
③ ひっ算 68 −48 = 20　たしかめ 20 +48 = 68　④ ひっ算 33 −27 = 6　たしかめ 6 +27 = 33

てびき　③①②たされる数とたす数を入れかえて計算しても答えは同じになるので，たし算で答えのたしかめをするときは，たされる数とたす数を入れかえて計算し，答えが同じになっていることを確認します。
③④ひき算の答えにひく数をたすとひかれる数になるので，このことを使ってひき算の答えのたしかめをします。

19ページ まとめのテスト②

1 ① 79　② 62　③ ○　④ 20
2 ① 4 +41 = 45　② 42 +28 = 70　③ 57 +29 = 86　④ 23 +7 = 30
⑤ 56 −35 = 21　⑥ 80 −10 = 70　⑦ 92 −9 = 83　⑧ 57 −8 = 49
3 ① 16　② 71
4 ① 60　② 36

4 長さ

☆ 6cmと あと 小さい めもりが 5つ分で，6cm5mm です。
① ① 8cm2mm　② 6cm9mm
② ① 1cm2mm（12mm）② 3cm3mm（33mm）③ 4cm7mm（47mm）
③ ① 10mm　② 30mm　③ 2cm　④ 9cm　⑤ 45mm　⑥ 6cm4mm
④ しょうりゃく
⑤ ① 9cm5mm, 95mm　② 7cm2mm, 72mm

❸ ③ cm ⑨ mm, ㊴ mm

📍**てびき** 30cmの物差しを使うときは，1mm，5mm，1cm，5cm，10cmの目もりがそれぞれどこにあるか確認しましょう。

👆**たしかめよう！**
・まっすぐな 線を 直線と いいます。
・1cm＝10mm です。

🌀 **22・23** ページ **きほんのワーク**

⭐ ④ cm＋⑤ cm⑤ mm＝⑨ cm⑤ mm
❶ ① ⑥ cm＋② cm＝⑧ cm
　② ③ cm⑤ mm＋⑥ cm＝⑨ cm⑤ mm
　③ ⑧ cm＋⑨ cm⑤ mm＝⑰ cm⑤ mm
　④ ⑨ cm⑤ mm－⑧ cm＝① cm⑤ mm
❷ ① ⑧ cm⑦ mm＋⑥ cm② mm＝⑭ cm⑨ mm
　② ⑧ cm⑦ mm－⑥ cm② mm＝② cm⑤ mm
❸ ① ㉞ cm　② ⑰ cm② mm　③ ⑨ cm⑦ mm
　④ ⑧ cm② mm　⑤ ⑦ mm
　⑥ ⑧ cm⑥ mm　⑦ ㉒ cm⑨ mm
　⑧ ③ cm④ mm　⑨ ⑦ cm

📍**てびき** 長さについても，同じ単位の数どうしで計算すれば，たし算やひき算ができます。単位をよく見て計算するようにしましょう。

🌀 **24** ページ **まとめのテスト❶**

1 ① 4cm3mm　② 3cm8mm
2 ① 8cm（80mm）
　② 9cm2mm（92mm）
　③ 10cm8mm（108mm）
3 しょうりゃく
4 ① ① cm　② ㊀ mm　③ ④ cm　④ ㉕ mm

📍**てびき** 1 物の長さを測るときに，この問題のように，物差しの途中から測っても長さを読みとれるようにしておくことが大切です。
2 長さを実際に測ると多少の誤差が生じます。物差しのあて方や目もりを真上から見て読むなど，正確に読むための技能を身につけましょう。

🌀 **25** ページ **まとめのテスト❷**

1 ① mm　② cm

2 ① 20cm　② 2cm
3 ① 12cm9mm　② 15cm5mm
　③ 9cm3mm　④ 6cm7mm
4 ① ㋐の 線…10cm5mm（105mm）
　　㋑の 線…9cm（90mm）
　② ㋐の 線が 1cm5mm 長い。

📍**てびき** 2 ㋐は 11cm，㋑は 9cm です。
3 ①は，mm どうしでたし算をします。
②は，mm どうしでひき算をします。
③は，くり上がりに注意しましょう。
8cm4mm＋9mm＝8cm13mm
8cm13mm＝9cm3mm
④は，くり下がりの考え方を使って計算します。
7cm3mm－6mm＝6cm13mm－6mm
6cm13mm－6mm＝6cm7mm
4 ② 10cm5mm－9cm＝1cm5mm です。

5 1000 までの 数

🌀 **26** ページ **きほんのワーク**

⭐ 243
❶ ① 258　② 304
❷ ① 147　② 930　③ 700
❸ ① 759　② 5，3，8　③ 943

📍**てびき** 「100を6個，1を3個合わせた数」のような問題に，63と書く誤りが見られます。空位のある数に注意して，数を書きましょう。

🌀 **27** ページ **きほんのワーク**

⭐ ① 130　② 24
❶ ① 170　② 450　③ 800
　④ 1000　⑤ 600　⑥ 1000
❷ ① 37こ　② 72こ　③ 68こ
　④ 50こ　⑤ 90こ　⑥ 100こ

📍**てびき** 10をひとまとまりにして考え，その何個分かで考えましょう。10円玉を使って考えてみてもよいでしょう。

👆**たしかめよう！**
100を 10こ あつめた 数を 千と いい，1000と 書きます。

5

28ページ きほんのワーク

☆ ❶ 60 ❷ 350 ❸ 995 ❹ 999
❶ ❶ 160 ❷ 330 ❸ 750
❷ ❶ 988 ❷ 993 ❸ 997
❸ ❶ 999 ❷ 900 ❸ 1000 ❹ 1000

てびき 数直線は，1目もりが1だったり，5だったり，10だったりといろいろです。
まず初めに，1目もりがいくつを表しているかを確認しましょう。

☞ たしかめよう！
数の線では，いちばん 小さい 1めもりが いくつを あらわして いるか 考えましょう。

29ページ きほんのワーク

☆ ❶ 489 > 487 ❷ 269 < 271
❶ ❶ 378 > 375 ❷ 416 < 420
❸ 99 < 102 ❹ 204 > 201
❺ 536 > 529 ❻ 715 > 698
❷ ❶ 赤組 ❷ 黄組 ❸ 黄組，赤組，青組

てびき どちらの数が大きいかを考えるとき，百の位，十の位，一の位の順に，数字を比べていきます。

☞ たしかめよう！
数の 大小は，＞，＜を つかって あらわします。

30ページ きほんのワーク

☆ しき 40＋70＝110 答え 110まい
❶ ❶ 120 ❷ 140 ❸ 110 ❹ 120
❺ 150 ❻ 180 ❼ 110 ❽ 140
❾ 130 ❿ 110 ⓫ 160 ⓬ 140
⓭ 110 ⓮ 120 ⓯ 160 ⓰ 130
⓱ 140 ⓲ 150

てびき 10がいくつ分になるかで考えます。
❶❶10が3こで30，9こで90と表します。
3＋9＝12から，30＋90は10が12こで120と考えましょう。

31ページ きほんのワーク

☆ しき 110－50＝60 答え 60まい
❶ ❶ 80 ❷ 70 ❸ 80 ❹ 90
❺ 60 ❻ 90 ❼ 90 ❽ 70
❾ 50 ❿ 80 ⓫ 60 ⓬ 90
⓭ 40 ⓮ 80 ⓯ 80 ⓰ 60
⓱ 90 ⓲ 90

てびき ひき算もたし算と同じように，10がいくつ分になるかで考えましょう。

32ページ きほんのワーク

☆ しき 500＋200＝700 答え 700まい
❶ ❶ 900 ❷ 700 ❸ 900 ❹ 900
❺ 900 ❻ 1000 ❼ 800 ❽ 1000
❷ ❶ 350 ❷ 520 ❸ 180 ❹ 710
❺ 409 ❻ 802 ❼ 605 ❽ 108
❾ 304

33ページ きほんのワーク

☆ しき 500－200＝300 答え 300まい
❶ ❶ 400 ❷ 500 ❸ 200 ❹ 300
❺ 500 ❻ 300 ❼ 500 ❽ 300
❷ ❶ 200 ❷ 500 ❸ 100 ❹ 900
❺ 800 ❻ 400 ❼ 700 ❽ 300
❾ 600 ❿ 500

てびき ひき算も100がいくつ分になるかで考えます。
❶❶100が6こで600，2こで200と表すので，600－200は100が4こで400と考えましょう。

34ページ まとめのテスト❶

❶ ❶ 249 ❷ 802 ❸ 600
❷ ❶ 604 ❷ 490 ❸ 1000 ❹ 500
❸ ❶ ⑦ 50 ⑦ 450 ⑦ 950
❷ ⑤ 787 ⑦ 792 ⑥ 799
❸ ⑤ 958 ⑦ 975 ⑦ 996

35ページ まとめのテスト❷

❶ ❶ 685 > 586 ❷ 306 < 315
❸ 90 < 70＋30 ❹ 100 > 20＋60
❷ ❶ 120 ❷ 130 ❸ 170 ❹ 80
❺ 80 ❻ 80 ❼ 800 ❽ 1000
❾ 200 ❿ 800
❸ ❶ 650 ❷ 600 ❸ 209 ❹ 200
❺ 430 ❻ 500 ❼ 906 ❽ 700

6 かさ

36ページ きほんのワーク

☆ ❶ 8dL ❷ 1L6dL
❶ ❶ 1L=10dL ❷ 1L=1000mL
❷ ❶ ㋐12dL ㋑1L2dL
❷ ㋐2L5dL ㋑25dL
❸ ❶ 200mL ❷ 4L ❸ 3dL

てびき LとdL, Lとの単位の関係を正しく身につけましょう。
❸❷のように, 大きなかさを表すときはL を使います。

たしかめよう!
1L=10dL, 1L=1000mL です。

37ページ きほんのワーク

☆ ❶ 4L5dL ❷ 4L3dL
❶ ❶ 3L6dL ❷ 3L3dL
❸ 4L ❹ 7dL
❺ 4L6dL ❻ 2L1dL
❼ 7L ❽ 400mL
❷ ❶〔1L, 12dL〕
❷〔1L6dL, 15dL〕
❸〔1L9dL, 21dL〕
❹〔980mL, 1L〕

てびき 同じ単位の数どうしで計算します。dL, L, mL の大小を比べるときは, 単位をそろえて比べるようにしましょう。
❷ 1L=10dL, 1L=1000mL をもとに考えます。
❹ 980mL と1L は, 980mL と1000mL とすれば, どちらが多いかがすぐにわかります。

38ページ まとめのテスト❶

1 ❶ 9dL ❷ 2L5dL（25dL）
❸ 1L3dL（13dL）
❹ 2L4dL（24dL）
2 ❶ 1L ❷ 13dL ❸ 15dL
❹ 1L8dL ❺ 2L6dL
❻ 3L2dL ❼ 3L ❽ 27dL
3 ❶ 1000mL ❷ 1L
❸ 100mL ❹ 4dL

てびき ❸ 1L=10dL, 1L=1000mL から, 1dL=100mL になります。❹はこの関係を使って考えましょう。

39ページ まとめのテスト❷

1 ❶ 6L ❷ 2L
❸ 9dL ❹ 3dL
❺ 7L2dL ❻ 1L2dL
❼ 3L8dL ❽ 3L4dL
❾ 9L7dL ❿ 5L1dL
2 ❶ 9L ❷ 1L8dL
❸ 9L6dL ❹ 2L6dL
3 ❶〔13dL, 1L2dL〕 ❷〔2L5dL, 26dL〕
❸〔1L, 11dL〕 ❹〔800mL, 1L〕
❺〔1L7dL, 16dL〕 ❻〔3L, 29dL〕

てびき 2 同じ単位の数どうしで計算しているか注意してください。
❷, ❹のように, 同じ単位の数どうしでひけないときは, くり下がりの考え方を使って計算します。
❶ 5L8dL+3L2dL=8L10dL=9L
❷ 5L-3L2dL=4L10dL-3L2dL=1L8dL
❸ 2L9dL+6L7dL=8L16dL=9L6dL
❹ 9L3dL-6L7dL=8L13dL-6L7dL
＝2L6dL

7 計算の くふう

40·41ページ きほんのワーク

☆ ❶ 6+9+1=6 +（9+1）
9+1=10
6 + 10=16
❷ 13+28+2=13 +（28+2）
28+2=30
13 + 30=43
❶ ❶ 19+(8+2)=19+10=29
❷ 7+(25+5)=7+30=37
❸ 26+(17+3)=26+20=46
❹ 34+(1+39)=34+40=74
❺ 38+(6+34)=38+40=78
❻ 29+(12+28)=29+40=69
❷ ❶ 8+6+4=8+(6+4)=8+10=18
❷ 19+2+8=19+(2+8)=19+10=29
❸ 3+5+45=3+(5+45)=3+50=53

④ 6＋31＋9＝6＋（31＋9）＝6＋40＝46
⑤ 7＋24＋6＝7＋（24＋6）＝7＋30＝37
⑥ 27＋5＋15＝27＋（5＋15）＝27＋20＝47
⑦ 8＋3＋27＝8＋（3＋27）＝8＋30＝38
⑧ 3＋9＋51＝3＋（9＋51）＝3＋60＝63
⑨ 6＋35＋5＝6＋（35＋5）＝6＋40＝46
⑩ 5＋4＋16＝5＋（4＋16）＝5＋20＝25
⑪ 4＋28＋2＝4＋（28＋2）＝4＋30＝34
⑫ 7＋61＋9＝7＋（61＋9）＝7＋70＝77
⑬ 11＋4＋26＝11＋（4＋26）＝11＋30＝41
⑭ 32＋6＋8＝6＋32＋8＝6＋40＝46
⑮ 5＋27＋15＝27＋5＋15＝27＋20＝47
⑯ 18＋31＋2＝18＋2＋31＝20＋31＝51
⑰ 47＋16＋3＝47＋3＋16＝50＋16＝66
⑱ 1＋32＋49＝32＋1＋49＝32＋50＝82
⑲ 28＋54＋6＝28＋（54＋6）＝28＋60＝88
⑳ 43＋39＋7＝39＋43＋7＝39＋50＝89
㉑ 32＋24＋8＝24＋32＋8＝24＋40＝64
㉒ 13＋8＋62＝13＋（8＋62）＝13＋70＝83
㉓ 42＋9＋21＝42＋（9＋21）＝42＋30＝72
㉔ 36＋28＋4＝28＋36＋4＝28＋40＝68
㉕ 56＋18＋2＝56＋（18＋2）＝56＋20＝76
㉖ 29＋22＋38＝29＋（22＋38）＝29＋60＝89
㉗ 3＋25＋7＝3＋7＋25＝10＋25＝35
㉘ 6＋17＋4＝6＋4＋17＝10＋17＝27
㉙ 8＋39＋12＝8＋12＋39＝20＋39＝59
㉚ 43＋26＋7＝43＋7＋26＝50＋26＝76

てびき 「たして何十」になる方から先にたし算を
すると，計算が簡単になることを学習します。
暗算をするときも，この方法を使うと，間違い
が少なくなります。
たし算では，たす順序をかえても，答えは同じ
になります。計算が簡単になるような順序が見
つけられるようにしましょう。

たしかめよう！
・（ ）は　ひとまとまりの　数を　あらわし，先に
　計算します。
・たし算では，たす　じゅんじょを　かえても，
　答えは　同じに　なります。

42ページ きほんのワーク
☆ 8と 7で [15] ｜ 28と 2で [30]
　20と 15で [35] ｜ 30と 5で [35]
❶ ❶ 22　❷ 35　❸ 65　❹ 22
　❺ 40　❻ 53　❼ 77　❽ 93

---

⑨ 44　⑩ 51　⑪ 63　⑫ 81
⑬ 40　⑭ 70　⑮ 83　⑯ 96

てびき 答えを間違えていたら，筆算で解き直し
てみましょう。筆算でも間違えたときは，くり
上がりで間違っていないか，確認してみてくだ
さい。

43ページ きほんのワーク
☆ 14から 5を ｜ 34から 4を
　ひいて [9] ｜ ひいて [30]
　20と 9で [29] ｜ 30から 1を
　　　　　　　 ｜ ひいて [29]
❶ ❶ 7　❷ 7　❸ 16　❹ 28
　❺ 18　❻ 36　❼ 23　❽ 39
　❾ 49　❿ 58　⓫ 76　⓬ 63
　⓭ 57　⓮ 84　⓯ 67　⓰ 79

44ページ まとめのテスト❶
❶ ❶ 55　❷ 37　❸ 56　❹ 95　❺ 48
❷ ❶ 45　❷ 58　❸ 49　❹ 44　❺ 92
❸ ❶ 42　❷ 56　❸ 63　❹ 34　❺ 41
　❻ 67　❼ 34　❽ 57　❾ 53　❿ 67

45ページ まとめのテスト❷
❶ ❶ 44　❷ 38　❸ 53　❹ 56
❷ ❶ 47　❷ 68　❸ 48　❹ 46
　❺ 74　❻ 79　❼ 68　❽ 67
❸ ❶ 32　❷ 55　❸ 42　❹ 23
　❺ 53　❻ 43　❼ 57　❽ 38
　❾ 45　❿ 27　⓫ 56　⓬ 72

8 たし算と ひき算の ひっ算

46・47ページ きほんのワーク
☆ ❶ 127　❷ 133
❶ ❶ 63＋72＝135　❷ 37＋81＝118　❸ 76＋48＝124　❹ 39＋93＝132
　❺ 47＋73＝120　❻ 81＋99＝180　❼ 65＋39＝104　❽ 2＋98＝100
❷ ❶ 57＋82＝139　❷ 80＋43＝123　❸ 76＋67＝143　❹ 65＋56＝121

8

⑤
```
   63
 + 39
  102
```
⑥
```
   75
 + 25
  100
```
⑦
```
   97
 +  8
  105
```
⑧
```
    6
 + 98
  104
```

❸ ①
```
   35
 + 92
  127
```
②
```
   63
 + 56
  119
```
③
```
   27
 + 81
  108
```
④
```
   54
 + 62
  116
```

⑤
```
   92
 + 15
  107
```
⑥
```
   70
 + 31
  101
```
⑦
```
   83
 + 42
  125
```
⑧
```
   46
 + 73
  119
```

⑨
```
   46
 + 79
  125
```
⑩
```
   74
 + 26
  100
```
⑪
```
    9
 + 99
  108
```
⑫
```
   58
 + 43
  101
```

⑬
```
    5
 + 96
  101
```
⑭
```
   69
 + 45
  114
```
⑮
```
   27
 + 97
  124
```
⑯
```
   85
 + 38
  123
```

⑰
```
   48
 + 64
  112
```
⑱
```
   97
 +  3
  100
```
⑲
```
   82
 + 19
  101
```
⑳
```
   36
 + 86
  122
```

㉑
```
   53
 + 78
  131
```
㉒
```
   71
 + 79
  150
```
㉓
```
   46
 + 84
  130
```
㉔
```
   64
 + 57
  121
```

てびき 百の位にくり上がる｜を書き忘れる場合が多いので，気をつけましょう。

48・49ページ きほんのワーク

☆ ❶84 ❷67

❶ ①
```
  159
 - 83
   76
```
②
```
  127
 - 64
   63
```
③
```
  165
 - 98
   67
```
④
```
  143
 - 56
   87
```
⑤
```
  113
 - 27
   86
```
⑥
```
  137
 - 48
   89
```

❷ ①
```
  145
 - 83
   62
```
②
```
  173
 - 90
   83
```
③
```
  152
 - 87
   65
```
④
```
  165
 - 98
   67
```
⑤
```
  175
 - 77
   98
```
⑥
```
  130
 - 34
   96
```

❸ ①
```
  136
 - 50
   86
```
②
```
  164
 - 90
   74
```
③
```
  126
 - 35
   91
```
④
```
  168
 - 73
   95
```
⑤
```
  171
 - 91
   80
```
⑥
```
  115
 - 43
   72
```
⑦
```
  162
 - 79
   83
```
⑧
```
  142
 - 67
   75
```
⑨
```
  153
 - 99
   54
```

⑩
```
  125
 - 59
   66
```
⑪
```
  132
 - 68
   64
```
⑫
```
  114
 - 25
   89
```
⑬
```
  122
 - 85
   37
```
⑭
```
  135
 - 37
   98
```
⑮
```
  181
 - 98
   83
```
⑯
```
  124
 - 26
   98
```
⑰
```
  160
 - 69
   91
```
⑱
```
  170
 - 85
   85
```

てびき ❸⑦以降は，十の位からも百の位からもくり下げる計算です。くり下げたことを忘れないように，十の位からくり下げたら，十の位の数を｜小さくした数をその上に書くようにするとよいでしょう。

50・51ページ きほんのワーク

☆ 64

❶ ①
```
  103
 - 47
   56
```
②
```
  105
 - 56
   49
```
③
```
  106
 - 28
   78
```
④
```
  101
 - 82
   19
```
⑤
```
  104
 -  7
   97
```
⑥
```
  103
 -  4
   99
```

❷ ①
```
  107
 - 69
   38
```
②
```
  103
 - 84
   19
```
③
```
  100
 -  9
   91
```
④
```
  101
 -  9
   92
```
⑤
```
  102
 -  5
   97
```
⑥
```
  107
 -  8
   99
```

❸ ①
```
  100
 -  3
   97
```
②
```
  105
 - 17
   88
```
③
```
  103
 - 45
   58
```
④
```
  108
 - 79
   29
```
⑤
```
  104
 - 88
   16
```
⑥
```
  101
 -  6
   95
```
⑦
```
  106
 - 29
   77
```
⑧
```
  104
 - 46
   58
```
⑨
```
  102
 - 63
   39
```
⑩
```
  100
 - 15
   85
```
⑪
```
  104
 - 69
   35
```
⑫
```
  103
 - 48
   55
```
⑬
```
  105
 - 48
   57
```
⑭
```
  102
 - 57
   45
```
⑮
```
  101
 - 79
   22
```
⑯
```
  107
 - 39
   68
```
⑰
```
  101
 - 17
   84
```
⑱
```
  107
 - 58
   49
```

てびき 一の位の計算で，十の位からくり下げられないので，百の位から順にくり下げる計算です。一の位を計算した後の十の位の計算に注意しましょう。

❶❶を66，❷を59などと答えた場合は，一の位に1くり下げたことを忘れてしまったと考えられます。❶も❷も，百の位と十の位を＼で消し，十の位に9を書いておくと，間違えにくくなります。

52ページ きほんのワーク

☆ ① 353　② 275

❶
①
```
  456
+  42
  498
```
②
```
   67
+ 218
  285
```
③
```
  513
+   7
  520
```

④
```
  208
+  75
  283
```
⑤
```
   36
+ 604
  640
```
⑥
```
  724
+   9
  733
```

⑦
```
  325
+  53
  378
```
⑧
```
   26
+ 507
  533
```
⑨
```
  624
+  46
  670
```

⑩
```
    8
+ 839
  847
```
⑪
```
  447
+  27
  474
```
⑫
```
    6
+ 715
  721
```

てびき （3けた）＋（2けた）のような筆算も，（2けた）＋（2けた）の筆算と同じように，位をそろえて，一の位から順に計算していきます。くり上がりに注意しましょう。

53ページ きほんのワーク

☆ ① 407　② 238

❶
①
```
  587
-  36
  551
```
②
```
  345
-  38
  307
```
③
```
  476
-   9
  467
```

④
```
  293
-  76
  217
```
⑤
```
  352
-  49
  303
```
⑥
```
  114
-   8
  106
```

⑦
```
  484
-  38
  446
```
⑧
```
  651
-  43
  608
```
⑨
```
  712
-   6
  706
```

⑩
```
  893
-  54
  839
```
⑪
```
  546
-  19
  527
```
⑫
```
  395
-   7
  388
```

てびき 位をそろえて，一の位から順に計算していきます。くり下がりに注意しましょう。

54ページ きほんのワーク

☆
```
  36          36
  17    →     17       6＋7＋8＝[21]
+ 28        + 28
   1          81       2＋3＋1＋2＝[8]
```

❶
①
```
   18
   47
+  22
   87
```
②
```
   27
   19
+  35
   81
```
③
```
   34
   18
+  33
   85
```

④
```
   36
   47
+  55
  138
```
⑤
```
   35
   69
+  48
  152
```
⑥
```
   49
   26
+  35
  110
```

てびき これまでは1くり上がる計算を学習しましたが，❶②のように2くり上がる場合もあります。くり上げた数をたし忘れないようにしましょう。

55ページ きほんのワーク

☆
```
  27          63
+ 36    →   - 18
  63        [4][5]
```

❶
①
```
   48          75
+  27    →   - 33
   75          42
```
②
```
   93          28
-  65    →   + 24
   28          52
```
③
```
   82          25
-  57    →   + 38
   25          63
```
④
```
   16          82
+  66    →   - 45
   82          37
```
⑤
```
   80          38
-  42    →   - 17
   38          21
```
⑥
```
   75          57
-  18    →   - 29
   57          28
```

てびき 3つの数の計算にひき算が混じっている
ときは，2回に分けて筆算をします。まとめて
筆算をしないように注意しましょう。

56 ページ まとめのテスト❶

1
① 74
 +63
 137

② 27
 +92
 119

③ 63
 +78
 141

④ 50
 +84
 134

⑤ 48
 +86
 134

⑥ 35
 +65
 100

⑦ 93
 + 8
 101

⑧ 5
 +97
 102

⑨ 623
 + 46
 669

⑩ 72
 +319
 391

2
① 139
 − 67
 72

② 123
 − 55
 68

③ 113
 − 37
 76

④ 126
 − 49
 77

⑤ 103
 − 36
 67

⑥ 107
 − 29
 78

⑦ 102
 − 34
 68

⑧ 100
 − 7
 93

⑨ 638
 − 27
 611

⑩ 371
 − 68
 303

57 ページ まとめのテスト❷

1 ① 180 ② 331 ③ 27 ④ 107

2 ①
 73
 +96
 169

②
 63
 +57
 120

③
 82
 +29
 111

④
 183
 − 92
 91

⑤
 146
 − 87
 59

⑥
 103
 − 89
 14

⑦
 4
 +207
 211

⑧
 843
 − 39
 804

⑨
 712
 − 5
 707

9 かけ算 (1)

58 ページ きほんのワーク

☆ ⑤, ④, ⑳, しき ⑤×④=⑳

❶ ① ④, ③, しき ④×③=⑫
 ② しき ③×⑥=⑱

❷ しき ⑤×⑥=⑳ 答え 30本

てびき ❶① 4×3は，4の3つ分を表してい
るので，4+4+4と等しくなります。
② 3×6は，3の6つ分を表しているので，
3+3+3+3+3+3と等しくなります。

59 ページ きほんのワーク

☆ しき 5×②=⑩ 答え ⑩cm

❶ ① しき 5×③=⑮ 答え 15cm
 ② しき 2×④=⑧ 答え 8cm
 ③ しき 6×①=⑥ 答え 6cm

❷ ① 12 ② 6

てびき 「何のいくつ分」を，「何の何倍」ととらえ
直します。この場合も同じくかけ算の式に表す
ことができます。

60 ページ きほんのワーク

☆ 5×1=⑤
 5×②=⑩
 5×③=⑮
 5×④=⑳

❶ 5×⑤=㉕
 5×⑥=㉚
 5×⑦=㉟
 5×⑧=㊵
 5×⑨=㊺

❷ ① 10 ② 25 ③ 5
 ④ 20 ⑤ 35 ⑥ 30
 ⑦ 45 ⑧ 15 ⑨ 40

てびき 5の段の九九の正しい言い方ができてい
るか聞いてみましょう。「五一が5」のように，
答えが1けたの数のときは，答えの前に「が」を
つけます。また，5の段の九九の答えの一の位
の数は，0または5であることにも気づけると
よいでしょう。

きほんのワーク

☆ $2 \times 1 = \boxed{2}$
　$2 \times ② = \boxed{4}$
　$2 \times ③ = \boxed{6}$
　$2 \times ④ = \boxed{8}$
　$2 \times ⑤ = \boxed{10}$

　答えは $\boxed{2}$ ずつ ふえて います。

❶ ❶ 12　❷ 14　❸ 16　❹ 18
❷ ❶ 6　　❷ 4　　❸ 2
　 ❹ 12　❺ 18　❻ 10
　 ❼ 16　❽ 8　　❾ 14

てびき 2の段の九九の正しい言い方ができているか聞いてみましょう。2の段の九九の答えは，2ずつ増えていることも確かめましょう。また，答えの一の位が「2，4，6，8，0」のくり返しになっていることにも気づけるとよいでしょう。

きほんのワーク

☆ $3 \times 1 = \boxed{3}$
　$3 \times ② = \boxed{6}$
　$3 \times ③ = \boxed{9}$
　$3 \times ④ = \boxed{12}$
　$3 \times ⑤ = \boxed{15}$

　答えは $\boxed{3}$ ずつ ふえて います。

❶ ❶ 18　❷ 21　❸ 24　❹ 27
❷ ❶ 12　❷ 9　　❸ 3
　 ❹ 21　❺ 6　　❻ 18
　 ❼ 27　❽ 15　❾ 24

きほんのワーク

☆ $4 \times 1 = \boxed{4}$
　$4 \times ② = \boxed{8}$
　$4 \times ③ = \boxed{12}$
　$4 \times ④ = \boxed{16}$
　$4 \times ⑤ = \boxed{20}$

　答えは $\boxed{4}$ ずつ ふえて います。

❶ ❶ 24　❷ 28　❸ 32　❹ 36
❷ ❶ 12　❷ 4　　❸ 32
　 ❹ 24　❺ 36　❻ 16
　 ❼ 8　　❽ 20　❾ 28

まとめのテスト❶

1 ❶ 15　❷ 12　❸ 24　❹ 2

　 ❺ 21　❻ 20　❼ 18　❽ 30
　 ❾ 10　❿ 6　　⓫ 12　⓬ 18
　 ⓭ 14　⓮ 35　⓯ 45　⓰ 36
　 ⓱ 15　⓲ 24

2 $\boxed{6} \times \boxed{4}$
　$\boxed{6} + \boxed{6} + \boxed{6} + \boxed{6}$
　$\boxed{24}$ 本

まとめのテスト❷

1 ❶ $\boxed{3 \times 4}$　$\boxed{5 \times 2 = 10}$
　 ❷ $\boxed{2 \times 4}$　$\boxed{2 \times 3 = 6}$
　 ❸ $\boxed{4 \times 6}$　$\boxed{2 \times 6 = 12}$
　 ❹ $\boxed{2 \times 5}$　$\boxed{4 \times 2 = 8}$
　 ❺ $\boxed{4 \times 4}$　$\boxed{3 \times 8 = 24}$
　 ❻ $\boxed{3 \times 2}$　$\boxed{2 \times 8 = 16}$

2 ❶ 4 ばい
　 ❷ $\boxed{しき}$ $\boxed{5} \times \boxed{4} = \boxed{20}$　　答え 20 cm

10 かけ算 (2)

きほんのワーク

☆ ❶ 6　　❷ 12　❸ 18　❹ 24　❺ 30
　 ❻ 36　❼ 42　❽ 48　❾ 54
❶ ❶ 12, 12　❷ 18, 18　❸ 24, 24
　 ❹ 30, 30
❷ ❶ 18　❷ 30　❸ 54
　 ❹ 6　　❺ 24　❻ 36
　 ❼ 42　❽ 12　❾ 48

てびき 6の段以上の九九は，覚えにくいので何度も唱えてしっかり覚えましょう。

きほんのワーク

☆ ❶ 7　　❷ 14　❸ 21　❹ 28
❶ ❶ 35　❷ 42　❸ 49　❹ 56　❺ 63
❷ ❶ 14　❷ 35　❸ 49
　 ❹ 28　❺ 7　　❻ 63
　 ❼ 56　❽ 42　❾ 21

てびき 7の段の九九は，7×7や7×6のように言いにくいものがあったり，「7（しち）」という音が「4（し）」や「1（いち）」と似ていたりするため，間違って覚えやすい九九です。正しく覚えましょう。

きほんのワーク

☆

		かける数								
		1	2	3	4	5	6	7	8	9
5のだん	かけられる数 5	5	10	15	20	25	30	35	40	45
3のだん	3	3	6	9	12	15	18	21	24	27
8のだん	8	8 5+3	16 10+6	24 15+9	32	40	48	56	64	72

❶ ❶ 16　❷ 8, 24　❸ 8, 32　❹ 8, 40
　❺ 8, 48
❷ ❶ 16　❷ 48　❸ 8
　❹ 24　❺ 56　❻ 32
　❼ 40　❽ 64　❾ 72

> **てびき**　8の段の九九も，唱えにくいものが多い
> ようです。かけられる数とかける数を入れかえ
> て答えを考えてみてもよいでしょう。
> 　［例］8×3→3×8＝24，8×6→6×8＝48
> また，答えの確かめとしても，この考え方が利
> 用できます。

きほんのワーク

☆

		かける数								
		1	2	3	4	5	6	7	8	9
4のだん	かけられる数 4	4	8	12	16	20	24	28	32	36
5のだん	5	5	10	15	20	25	30	35	40	45
9のだん	9	9 4+5	18 8+10	27 12+15	36	45	54	63	72	81

❶ ❶ 18　❷ 27　❸ 36　❹ 45　❺ 54
　❻ 63　❼ 72
❷ ❶ 72　❷ 36　❸ 18　❹ 45　❺ 9
　❻ 63　❼ 54　❽ 81　❾ 27

> **てびき**　9の段は，答えの十の位の数字と一の位
> の数字をたすと，9になっています。覚える必
> 要はありませんが，これを知っていると答えの
> 間違いに気づきやすくなります。

きほんのワーク

☆ しき 1×④＝4 , しき 1×⑦＝7
❶ ❶ しき 1×⑥＝6 　❷ しき 1×③＝3
　❸ しき 1×⑤＝5
❷ ❶ 6　❷ 3　❸ 7　❹ 1　❺ 4
　❻ 2　❼ 5　❽ 9　❾ 8

> **てびき**　1の段の九九には，言いにくいものがた
> くさんありますが，かけ算の意味がわかってい
> れば，答えを間違えることはありません。1の
> 段も，ほかの段と同じしくみであることを確か
> めましょう。

きほんのワーク

☆ ❶ 3　❷ 6
❶ ❶ 2×6, 3×4, 4×3, 6×2
　❷ 2×8, 4×4, 8×2
　❸ 6×7, 7×6　❹ 7×7
❷ ❶ 5　❷ 7　❸ 3　❹ 6
❸

		かける数								
		1	2	3	4	5	6	7	8	9
10	かけられる数	10	20	30	40	50	60	70	80	90
11		11	22	33	44	55	66	77	88	99

> **てびき**　九九の表をよく観察することにより，1
> つの段では，かけられる数ずつ増えていくこと，
> かけられる数とかける数を入れかえても答えは
> 同じになること，いくつかの九九で答えが同じ
> になるものがあること，などのかけ算のきまり
> をつかんでいきましょう。

まとめのテスト❶

1 ❶ 48　❷ 35　❸ 48　❹ 27
　❺ 42　❻ 40　❼ 14　❽ 1
　❾ 24　❿ 30　⓫ 45　⓬ 42
　⓭ 9　⓮ 72　⓯ 21　⓰ 18
　⓱ 54　⓲ 63
2 6×6 , 9×4 に ○

> **てびき**　九九では，どんな九九でもすぐに答えが
> 言えるようにしておくことが大切です。そのた
> めに，9×2＝18，2×9＝18，…などと唱え
> たり，九九カードを無作為に取り出して唱えた
> りする，などの練習をしてみるとよいでしょう。

まとめのテスト❷

1 ❶ 3　❷ 9　❸ 5　❹ 8　❺ 3　❻ 6
2 ❶ 1×9, 3×3, 9×1
　❷ 2×9, 3×6, 6×3, 9×2
　❸ 3×8, 4×6, 6×4, 8×3
　❹ 6×9, 9×6
3 ❶　　　　　　　　　　❷

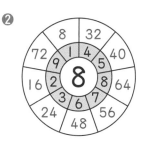

11 長い ものの 長さ

74・75ページ きほんのワーク

☆ 3, 110cm, 1m10cm

❶ 140cm, 1m40cm

❷ 1m15cm

❸ ㋐ 2m=200cm　㋑ 3m40cm=340cm

❹ ❶ 2m, 7m　❷ 1m80cm, 180cm
　❸ 2m9cm　　　❹ 175cm

❺ ❶ 700cm=7m　　❷ 9m=900cm
　❸ 412cm=4m12cm　❹ 3m5cm=305cm
　❺ 505cm=5m5cm　❻ 6m56cm=656cm

❻ 1m36cm

❼ ❶ 8mm　❷ 16cm　❸ 20m

てびき mとcmの単位の関係を正しく身につけ
ましょう。
❶ 30cmの物差し4つ分と, あと20cm
だから, 30+30+30+30+20=140(cm)
140cm=1m40cmです。
❷ 1mの物差し1つ分と, あと15cmだから,
1m15cmです。
❺ ❹350cmとする誤答に気をつけましょう。
❼ 身のまわりにあるもので, m, cm, mmの
どの単位が適切かを話し合ってみましょう。

76・77ページ きほんのワーク

☆ 2m50cm+2m=4m50cm

❶ 7m, 40cm, 7m40cm

❷ ❶ 80cm　❷ 2m60cm　❸ 2m10cm
　❹ 5m60cm　❺ 7m50cm
　❻ 4m30cm　❼ 41cm

❸ ❶ ㋐ 2m20cm　㋑ 3m60cm
　❷ 5m80cm　　　❸ 1m40cm

❹ 4m8cm, 408cm

❺ ❶ 1m74cm　❷ 34cm

78ページ まとめのテスト❶

1 ❶ 100こ　❷ 120cm　❸ 80cm
　❹ 6m

2 ❶ 700cm　❷ 180cm　❸ 3m5cm
　❹ 5m

3 ❶ 7m　❷ 5m20cm　❸ 70cm

4 ❶ cm　❷ m　❸ m　❹ mm

79ページ まとめのテスト❷

1 ❶ 3m4cm　❷ 405cm　❸ 830cm
　❹ 2m60cm

2 ❶ 9m　❷ 900cm

3 1m26cm

4 7m

5 ❶ 5m50cm　❷ 1m8cm　❸ 1m63cm
　❹ 1m25cm　❺ 4m40cm　❻ 2m65cm

てびき **5** 同じ単位の数どうしで計算します。
❺, ❻は, 計算しやすいように工夫をします。
❺ 2m65cm+1m75cm=3m140cm
= 4m40cm
「3m140cm」を答えとしないように注意しま
しょう。
❻ 5m45cm−2m80cm
= 4m145cm−2m80cm=2m65cm

12 10000 までの 数

80ページ きほんのワーク

☆ ❶ 2435　❷ 2

❶ ❶ 3124　❷ 4317

❷ ❶ 5　❷ 8　❸ 十のくらい

81ページ きほんのワーク

☆ ❶ 3046　❷ 3, 0

❶ ❶ 4053　❷ 5308

❷ 7360=7000+300+60

てびき 位に数がないとき(空位)は, 0を必ず書
くように注意しましょう。

82・83ページ きほんのワーク

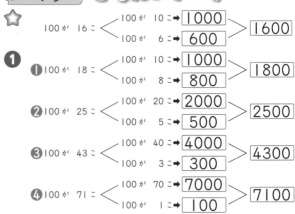

☆　100が 16こ ── 100が 10こ➡1000 ── 1600
　　　　　　　　── 100が 6こ➡600 ──

❶ ❶ 100が 18こ ── 100が 10こ➡1000 ── 1800
　　　　　　　　── 100が 8こ➡800 ──

　❷ 100が 25こ ── 100が 20こ➡2000 ── 2500
　　　　　　　　── 100が 5こ➡500 ──

　❸ 100が 43こ ── 100が 40こ➡4000 ── 4300
　　　　　　　　── 100が 3こ➡300 ──

　❹ 100が 71こ ── 100が 70こ➡7000 ── 7100
　　　　　　　　── 100が 1こ➡100 ──

❷

❶ 1200 < 1000 → 100 が [10] こ / 200 → 100 が [2] こ > 100 が [12] こ

❷ 3700 < 3000 → 100 が [30] こ / 700 → 100 が [7] こ > 100 が [37] こ

❸ 5400 < 5000 → 100 が [50] こ / 400 → 100 が [4] こ > 100 が [54] こ

❸ ❶ 2300 ❷ 3600 ❸ 5200 ❹ 8000

❹ ❶ [19] こ ❷ [48] こ ❸ [63] こ ❹ [70] こ

> **てびき** ❷ 1000 のまとまりと 100 のまとまりに分けて, 考えましょう。
> ❶ 1200 を 1000 と 200 に分けて, それぞれ 100 がいくつ分かを考えましょう。

84ページ きほんのワーク

☆ ❶ 10000 ❷ 1000

❶ ❶ 9999 ❷ 9900 ❸ 10 こ

❷ ❶ 1 ❷ 100 ❸ 9992, 9997

> **てびき** 10000 は 1000 を 10 こ集めた数であることを理解しましょう。1 から順に数えると, 9999 の次は 10000 になります。
> ❷ ❸ の数直線(数の線)の 1 目もりの大きさが, 1 になっていることを確かめましょう。

> **☞ たしかめよう!**
> 千を 10こ あつめた 数を 一万と いい, 10000と 書きます。

85ページ きほんのワーク

☆ ❶ 4700 ❷ 5300 ❸ 5000 ❹ 8000

❶ ❶ ⓐ 1000 ⓘ 4000 ⓤ 6000
　❷ ⓔ 6970 ⓞ 7000 ⓚ 7050
　❸ ⓚ 9200 ⓙ 9600 ⓖ 9900

❷ ❶ > ❷ < ❸ < ❹ <

> **てびき** 数直線(数の線)は, 1 目もりが等しくとってあります。まず, 1 目もりの大きさがどれだけになっているか調べましょう。ここでは, ❶ 1000, ❷ 10, ❸ 100 となっています。
> ❷ 数の大小を比べるときは, 上の位から順に数字を比べていきます。❶ は千の位, ❷ は百の位, ❸ は十の位の数字で判断することができます。
> また, ❹ は, 9999 が 10000 より 1 小さい数なので, 9999 < 10000 となります。

86ページ きほんのワーク

☆ しき 600 + 800 = [1400]　　答え [1400] まい

❶ ❶ 1300 ❷ 1200 ❸ 1300 ❹ 1500
　❺ 1100 ❻ 1600 ❼ 1100 ❽ 1200
　❾ 1800 ❿ 1200 ⓫ 1100 ⓬ 1200
　⓭ 1400 ⓮ 1500 ⓯ 1700 ⓰ 1100

> **てびき** ❶ ❶ 100 が 7 こで 700, 6 こで 600 と表します。7 + 6 = 13 から, 700 + 600 は 100 が 13 こで 1300 と考えます。

87ページ きほんのワーク

☆ しき 1000 − 500 = [500]　　答え [500] まい

❶ ❶ 300 ❷ 800 ❸ 900 ❹ 200
　❺ 400 ❻ 600 ❼ 700 ❽ 100
　❾ 900 ❿ 900 ⓫ 400 ⓬ 500
　⓭ 900 ⓮ 800 ⓯ 800 ⓰ 500

> **てびき** ❶ ❶ 何百のたし算と同じように 100 をまとまりとして考えます。100 が 10 こで 1000, 7 こで 700 と表すことができます。10 − 7 = 3 から, 1000 − 700 は 100 が 3 こで 300 と考えます。

88ページ まとめのテスト❶

1 ❶ 3126 ❷ 6529 ❸ 3040 ❹ 8001

2 千のくらい…7　十のくらい…0

3 ❶ ⑦ 2000 ④ 5000 ⑦ 9000
　　❷ ㊤ 7500 ㊦ 8800 ㊨ 9400

4 ❶ 3497 ❷ 2600 ❸ 10000

89ページ まとめのテスト❷

1 ❶ > ❷ < ❸ < ❹ > ❺ < ❻ <

2 ❶ 1400 ❷ 1300 ❸ 1600 ❹ 1300
　❺ 200 ❻ 100 ❼ 800 ❽ 700

3 ❶ 4320 = [4000] + [300] + [20]
　　❷ 6507 = [6000] + [500] + [7]

---

13 分数

90ページ きほんのワーク

☆ $\frac{1}{2}$ … ⑦　$\frac{1}{3}$ … ④

❶ ㋐ $\frac{1}{4}$　㋓ $\frac{1}{8}$

❷ ❶ 4つ　❷ 4つ

❸ ❶ [れい]　　❷ [れい]　　❸ [れい]

---

91 ページ **きほんのワーク**

☆ 6 この $\frac{1}{3}$ で $\boxed{2}$ こです。

❶ ❶ 6こ　❷ 4こ

　❸ 何分の一… $\frac{1}{4}$　何こ…3こ

❷ 4cm

---

92 ページ **まとめのテスト❶**

1 ㋑, ㋓

2 ❶ [れい]　　❷ [れい]　　❸ [れい]

3 $\frac{1}{3}$

4 ❶ 9こ　　❷ 6こ

---

93 ページ **まとめのテスト❷**

1 ❶ [れい]　　❷ [れい]　　❸ [れい]

2 ❶ $\frac{1}{4}$　❷ $\frac{1}{8}$　❸ $\frac{1}{4}$

3 ❶ 3 ばい　❷ $\frac{1}{3}$

4 8 ばい

● **2年の まとめ**

94 ページ **まとめのテスト❶**

1 ❶ <　❷ >　❸ >　❹ =　❺ >　❻ <

2 ❶ 22　❷ 18　❸ 120　❹ 140
　❺ 60　❻ 90　❼ 700　❽ 500
　❾ 1300　❿ 600　⓫ 750　⓬ 300
　⓭ 808　⓮ 400

3 ❶ 29　❷ 48

☝ **たしかめよう！**

3 ❶ 9+16+4 は，9+(16+4) と して
計算します。( ) の 中は 先に 計算します。

---

95 ページ **まとめのテスト❷**

1
❶
```
   23
 + 34
   57
```
❷
```
   15
 + 82
   97
```
❸
```
   37
 + 26
   63
```
❹
```
   64
 +  8
   72
```

❺
```
   40
 + 63
  103
```
❻
```
   36
 + 89
  125
```
❼
```
   25
 + 75
  100
```
❽
```
    3
 + 98
  101
```

❾
```
  724
 +  54
  778
```
❿
```
   63
 + 428
  491
```

2
❶
```
   69
 - 23
   46
```
❷
```
   74
 - 58
   16
```
❸
```
  143
 -  61
   82
```
❹
```
  124
 -  29
   95
```

❺
```
  114
 -  38
   76
```
❻
```
  136
 -  59
   77
```
❼
```
  104
 -  37
   67
```
❽
```
  100
 -   4
   96
```

❾
```
  736
 -  25
  711
```
❿
```
  491
 -  83
  408
```

3 ❶ 7L　❷ 3L5dL　❸ 5dL
　❹ 4L3dL

☝ **たしかめよう！**

3 ❹ 6L8dL−2L5dL＝4L3dL です。
たんいに ちゅういしましょう。

---

96 ページ **まとめのテスト❸**

1 ❶ 21　❷ 49　❸ 54
　❹ 24　❺ 72　❻ 32
　❼ 56　❽ 30　❾ 54
　❿ 45　⓫ 72　⓬ 56
　⓭ 20　⓮ 12
　⓯ 1　⓰ 27

2 ❶ 10000　❷ 4700　❸ 100　❹ 4900

3 ❶ 22cm　❷ 1m54cm
　❸ 3m40cm　　❹ 2cm1mm

☝ **たしかめよう！**

3 同じ たんいの 数どうしを 計算します。
❸ 1m35cm+2m5cm=3m40cm です。
たんいに ちゅういしましょう。